妄想図解！

知識ゼロでもわかる

日本酒はじめ

はじめに

　はじめまして、酒《しゅ》G《ご》O《う》委員会《いいんかい》です。わたしたちは、日本酒が大好きなライター、デザイナー、カメラマンなどの編集クリエイター達が集まった集団で、「隙あらば日本酒」をモットーに、インスタグラムで日本酒備忘録を発信したり、日本酒の消費量を増やすべく飲酒活動に励んでいます。

　わたしたちも、以前は悩める日本酒ファンでした。日本酒に興味をもった頃、酒屋さんで日本酒を手に取って、「生酛」「山廃」「滓がらみ」？何のことやら？まるで呪文のようでした。その呪文が何を意味し、その言葉に意味があることすらわかりませんでした。そのときは気になったデザインのラベルで選ぶか、店員さんにすすめられるがままに日本酒を購入し、なんとなく旨い旨いと飲んでいました。「これではいかーん！自分で好きな日本酒を選びたい！」と思い、専門書を読んでみたのですが、よけいチンプンカンプンに…。

しばらくは、酒屋さんや詳しい人から日本酒のことを教えてもらったりしていましたが、次第にもっと詳しく日本酒を知りたくなっていき、セミナーや専門書で知識を深め、ついに日本酒の唎酒師《ききざけし》の資格を取得するにいたりました。

この本は自分たちの経験を元に、日本酒の初心者の方に「まずはラベルを理解することから始めたらいいよ！」という気持ちをこめて書きました。いままで呪文のように難しかったラベルを擬人化して、個性豊かな〝お酒キャラ〟にすることで、楽しくわかりやすく日本酒を学べます。ラベルを読めて意味がわかるようになれば、自分好みの日本酒に出逢えるようになるでしょう！

日本酒は冷やしても良し！温めても良し！さまざまな食事と合わせて飲んでもおいしい！さらには四季折々の風情も楽しめるお酒です。

この本を読み終えた頃にはきっと、日本酒が飲みたくなっていることでしょう！

酒ＧＯ委員会

もくじ

日本酒

みのりちゃん

お酒を飲むのは大好きだけど、日本酒に関しては、まったくの初心者。三河屋師匠の日本酒指南により、日本酒愛に目覚めはじめる。

三河屋《みかわや》師匠《ししょう》

おいしい日本酒のために全国の蔵元を訪れる強者《つわもの》。老舗酒店「赤酒三河屋」の店主。日本酒の知識が深く、日本酒師匠として親しまれている。

妄想!?

キャラクター紹介

みのりが生み出した、
個性豊かな日本酒キャラクターたち

特定名称酒

本醸《ほんじょう》 けんいち

純米《じゅんまい》 昌大《まさひろ》

吟醸《ぎんじょう》 薫《かおる》

長期熟成酒《ちょうきじゅくせいしゅ》
P51
長熟《ちょうじゅく》 陽子《ようこ》
古酒《こしゅ》
P48
古酒《こしゅ》 コウイチ
冷《ひ》やおろし
P45
秋上《あきあがり》 岳《がく》
新酒《しんしゅ》
P42
新酒《しんしゅ》 かすみ
無濾過《むろか》
P57
蒼井《あおい》 ムロカ
原酒《げんしゅ》
P54
原酒《げんしゅ》 タカユキ
責《せ》め
P68
責《せめ》 ユウト
中取《なかど》り
P65
中取《なかどり》 コウヘイ
荒《あら》ばしり
P60
荒走《あらばしり》 あけみ

妄想!?

キャラクター紹介

斗瓶囲《とびんがこ》い
P67
斗瓶《とびん》 みつき
にごり酒《ざけ》
P73
MC《えむしー》 KASSEY《かっせい》
滓《おり》がらみ
P70
羽衣《はごろも》天女《てんにょ》
おりちゃん
低《てい》アルコール酒《しゅ》
P79
テーアル 玲奈《れいな》
発泡日本酒《はっぽうにほんしゅ》
P78
スパークル瑛士《えいじ》
瓶内二次発酵《びんないにじはっこう》
P76
二次《にじ》 ローラ

山廃《やまはい》…P86
山廃《やまはい》 萬斎《まんさい》
生酛《きもと》…P84
生酛《きもと》 萬斎《まんさい》
生酒《なまざけ》…P91
生酒《なまざけ》 リノ
樽酒《たるざけ》…P88
樽酒《たるざけ》 スギゾー
どぶろく…P100
田舎《たなか》 どぶろく
貴醸酒《きじょうしゅ》…P94
貴醸《きじょう》 たかこ
水酛《みずもと》…P97
水酛《みずもと》 酔拳《すいけん》

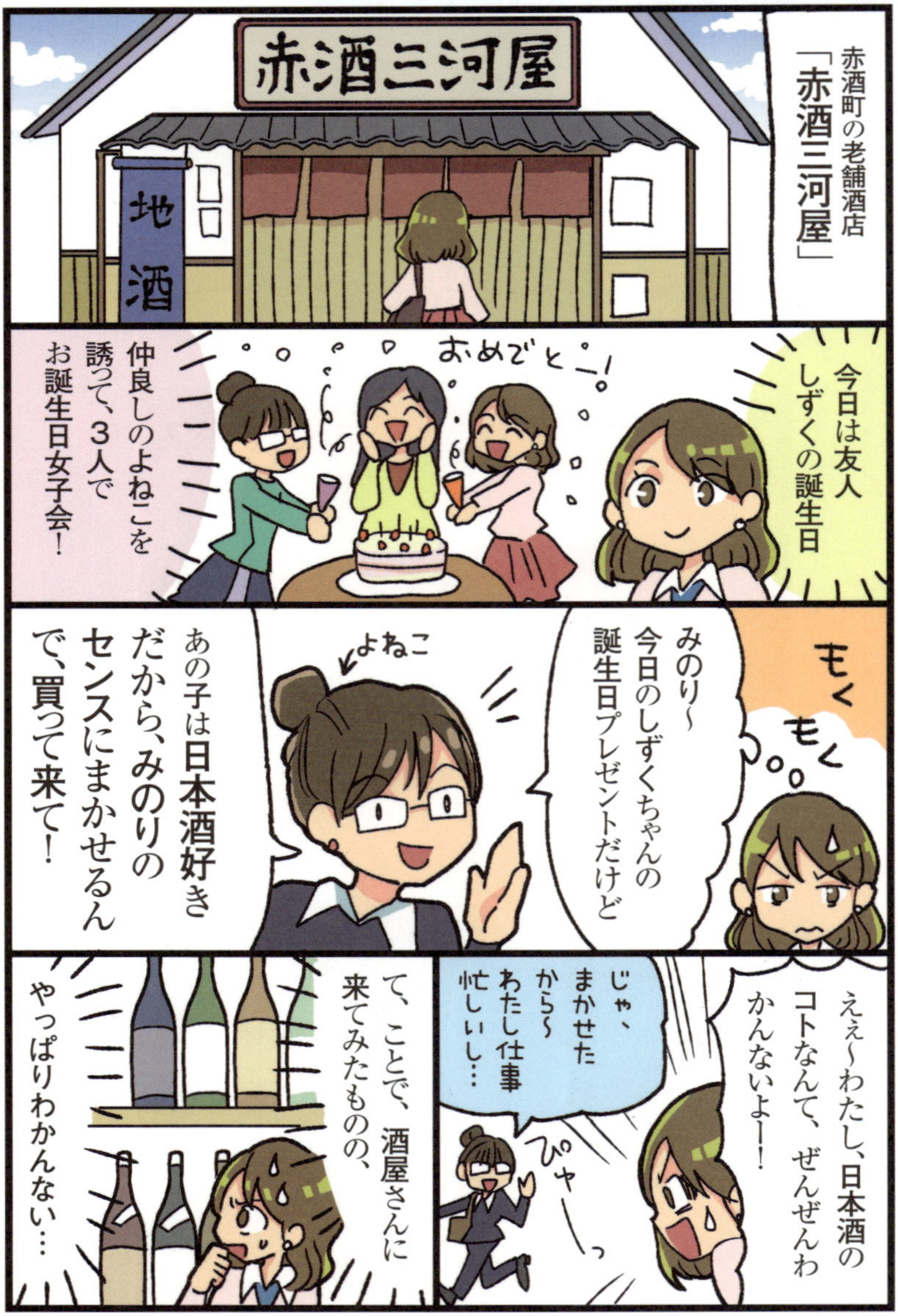
赤酒町の老舗酒店
「赤酒三河屋」
赤酒三河屋
地酒
今日は友人しずくの誕生日
おめでと〜!
仲良しのよねこを誘って、3人でお誕生日女子会!
もく
もく
みのり〜 今日のしずくちゃんの誕生日プレゼントだけど
よねこ
あの子は日本酒好きだから、みのりのセンスにまかせるんで、買って来て!
ええ〜わたし、日本酒のコトなんて、ぜんぜんわかんないよー!
じゃ、まかせたから〜 わたし仕事忙しいし…
ぴゃ〜っ
て、ことで、酒屋さんに来てみたものの、
やっぱりわかんない…

しかも、
なんだこりゃ？
謎の呪文か？
山廃純米
生酛造り
冷やおろし
滓がらみ
？・？・？
文字さえ読めないのもあるよー
げげ！こっちのラベルはかなりぶっとんでる！
TAKE A WALK ON THE WILD SIDE
あれ？
こっちのお酒はワインみたいでおしゃれだぁ
M
Michelle
うわ〜！
これまたセレブなお酒！
斗瓶囲い
斗瓶囲い
¥14800
も〜！何がなんだかわかんなくなっちゃった
ええい！
もー適当でいいや！
ガッ
すみませーん！
これくださーい!!
樽酒
ドーン！
…鏡開きですか？

お嬢さん お困りかな?
酒
三河屋師匠
はい! 友達の誕生日プレゼントを探しに…
じゃ、樽酒じゃだめだよ
すてき! みのりと呼んでください!
わたし、日本酒を買うの初めてで何を選んでいいのかさっぱりわからなくて…
なるほど。そうだね まずはみのりちゃんの好きな日本酒の方向性を探ってみようかね
まずは試飲をしてみよう
あ! 華やかでいい香り!
きれいなお姉さんが見える
あはは! きれいなお姉さんか! 良い例えをするね
これは吟醸酒《ぎんじょうしゅ》というお酒だよ
じゃあ! 次はこれを飲んでみようか

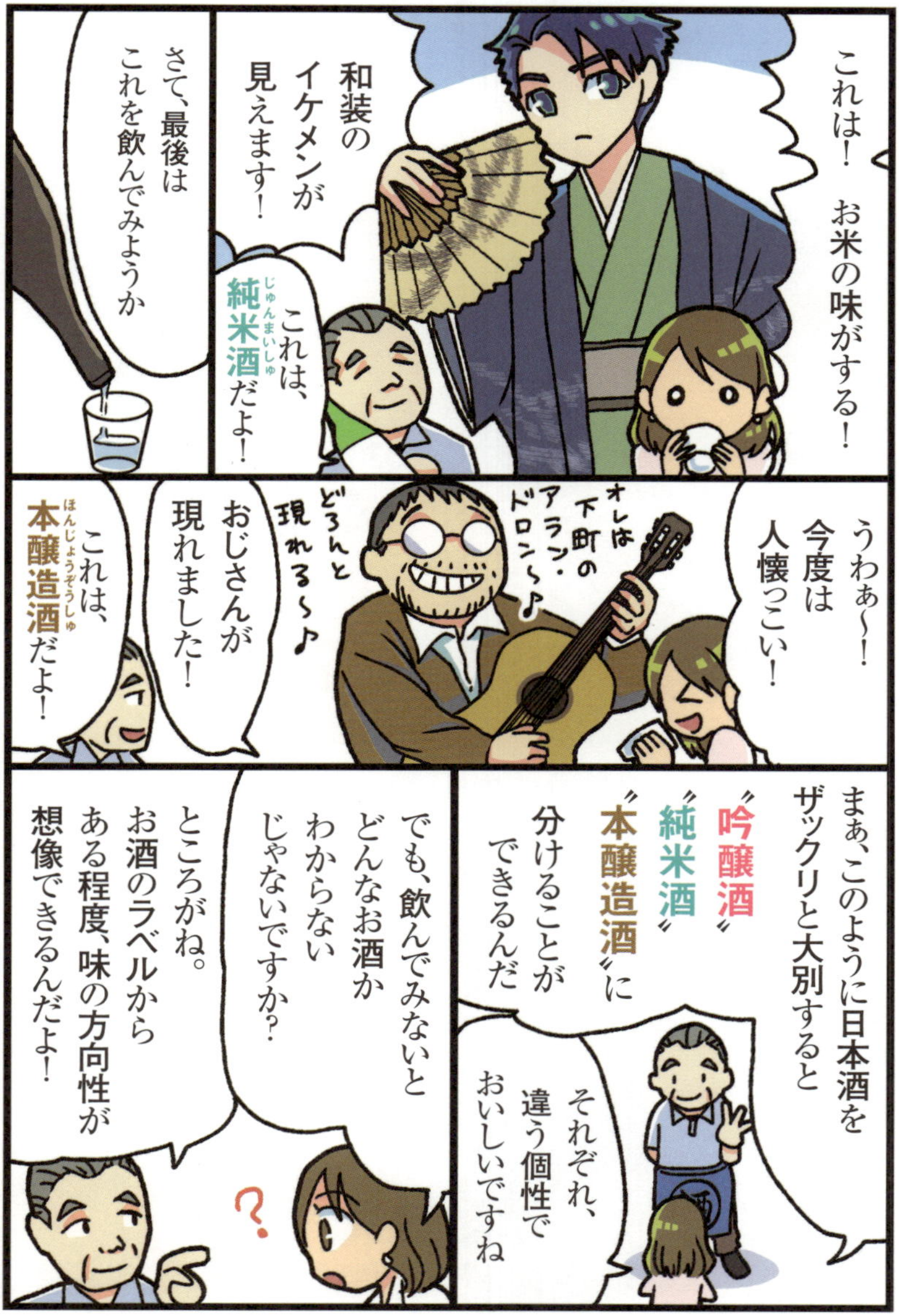
これは！ お米の味がする！

和装のイケメンが見えます！

これは、純米酒《じゅんまいしゅ》だよ！

さて、最後はこれを飲んでみようか
うわぁ〜！ 今度は人懐っこい！

オレは下町のアラン・ドロン〜♪

どろんと現れる〜♪

おじさんが現れました！

これは、本醸造酒《ほんじょうぞうしゅ》だよ！

まぁ、このように日本酒をザックリと大別すると“吟醸酒”“純米酒”“本醸造酒”に分けることができるんだ
それぞれ、違う個性でおいしいですね
でも、飲んでみないとどんなお酒かわからないじゃないですか？

？

ところがね。お酒のラベルからある程度、味の方向性が想像できるんだよ！

日本酒ラベルの読み方

表ラベル

ラベルに味のヒントがあるんだよ

アルコール分
15.0度以上
16.0度未満
原材料名
米(国産)
米こうじ(国産米)
醸造アルコール
日本酒
720mℓ
製造年月
27.3
21BY
日本酒
吟醸酒
山田錦100%
るるぶ酒造
東京都新宿区酒豪町0-0-00

肩貼り

日本酒の産地や種類、貯蔵年数、受賞歴などが、特別表記されることがあります。

アルコール分

酒100mℓに含まれるアルコールの含有量。「度」で表記されます。

醸造アルコール

一般に香りを引き立てるために使われます。特定名称酒では原料米重量の10%以下に制限されています。

品目

「日本酒」または「清酒(→P188)」と表記されます。

製造年月

日本酒を瓶に詰めた年月。もしくは蔵出し日。

酒造年度

日本酒を醸造(BY《びーわい》→P190)した年度。

特定名称酒

「吟醸酒」「純米酒」「本醸造酒」など。(→P19)

原料米の品種

酒造りに使用している米の品種を表示しています。(→P103)

製造者の名称及び製造所の所在地

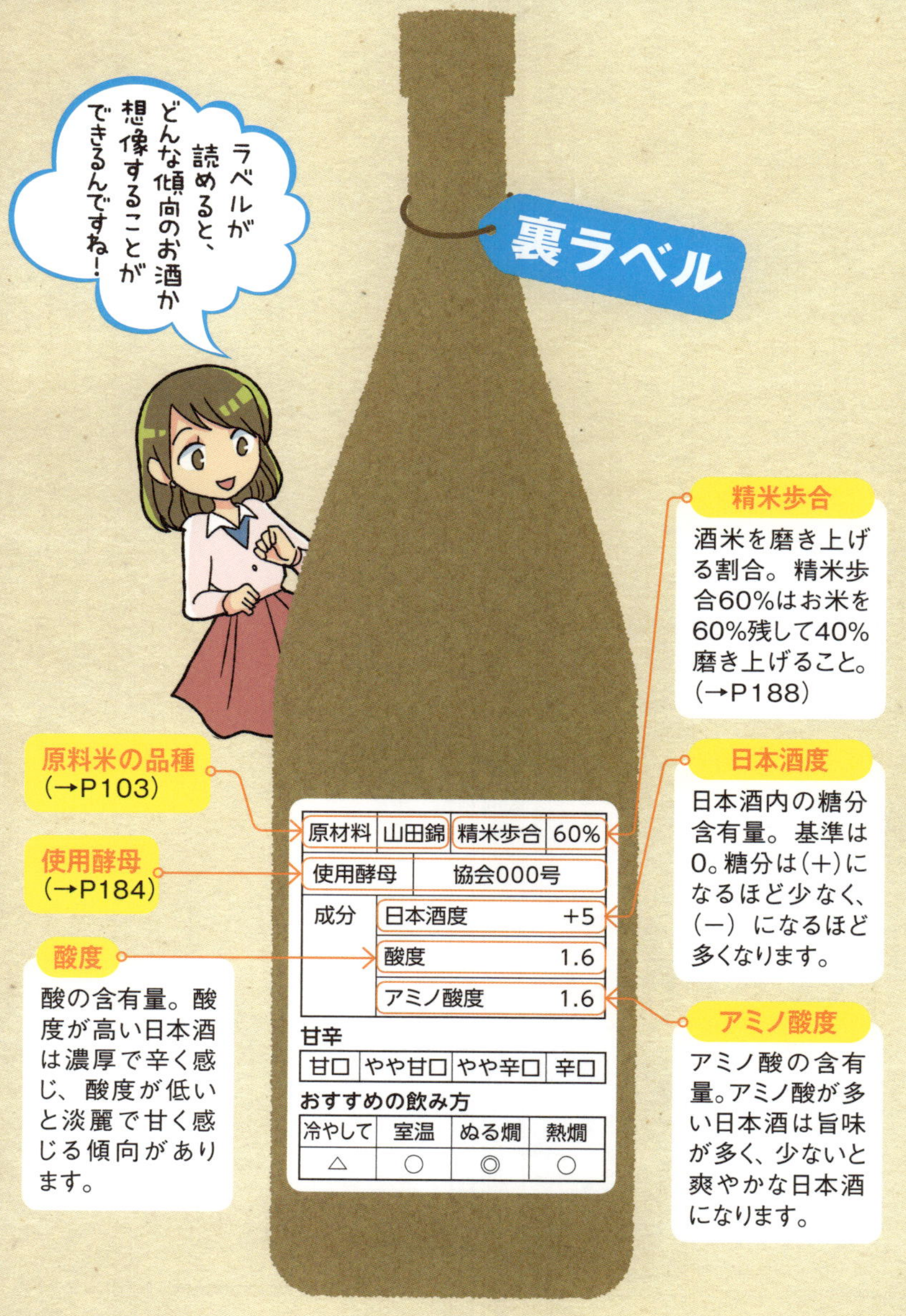
ラベルが読めると、どんな傾向のお酒か想像することができるんですね!
裏ラベル
精米歩合
酒米を磨き上げる割合。精米歩合60%はお米を60%残して40%磨き上げること。(→P188)
日本酒度
日本酒内の糖分含有量。基準は0。糖分は(+)になるほど少なく、(−)になるほど多くなります。
アミノ酸度
アミノ酸の含有量。アミノ酸が多い日本酒は旨味が多く、少ないと爽やかな日本酒になります。
原料米の品種
(→P103)
使用酵母
(→P184)
酸度
酸の含有量。酸度が高い日本酒は濃厚で辛く感じ、酸度が低いと淡麗で甘く感じる傾向があります。
原材料 山田錦 精米歩合 60%
使用酵母 協会000号
成分 日本酒度 +5
酸度 1.6
アミノ酸度 1.6
甘辛
甘口 やや甘口 やや辛口 辛口
おすすめの飲み方
冷やして 室温 ぬる燗 熱燗
△ ○ ◎ ○

※商品によってラベルデザインや表記項目、内容が異なります

日本酒ラベルに何が書いてあるのかわかったら興味がますます湧いてきました！
それでは、次は特定名称酒の話をしようかね

STEP 1

ラベルから読みとる！

吟醸酒 純米酒 本醸造酒って何？

特定名称酒を知ろう！

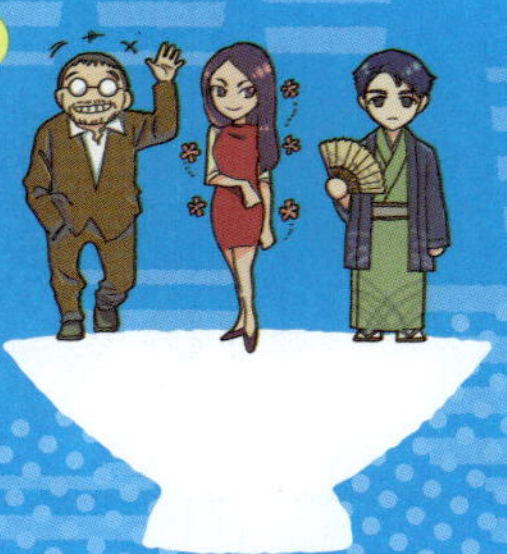

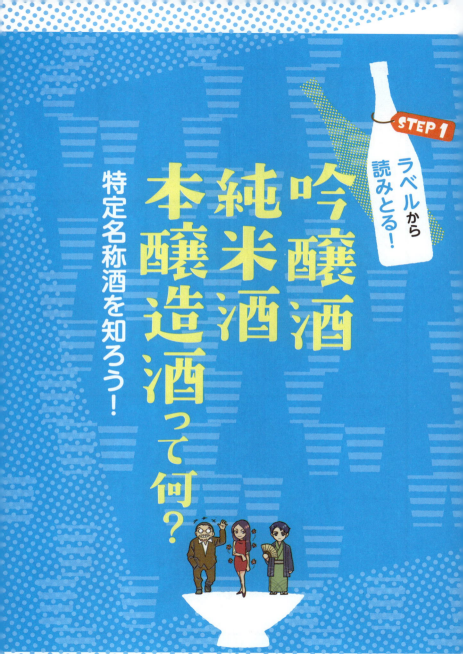

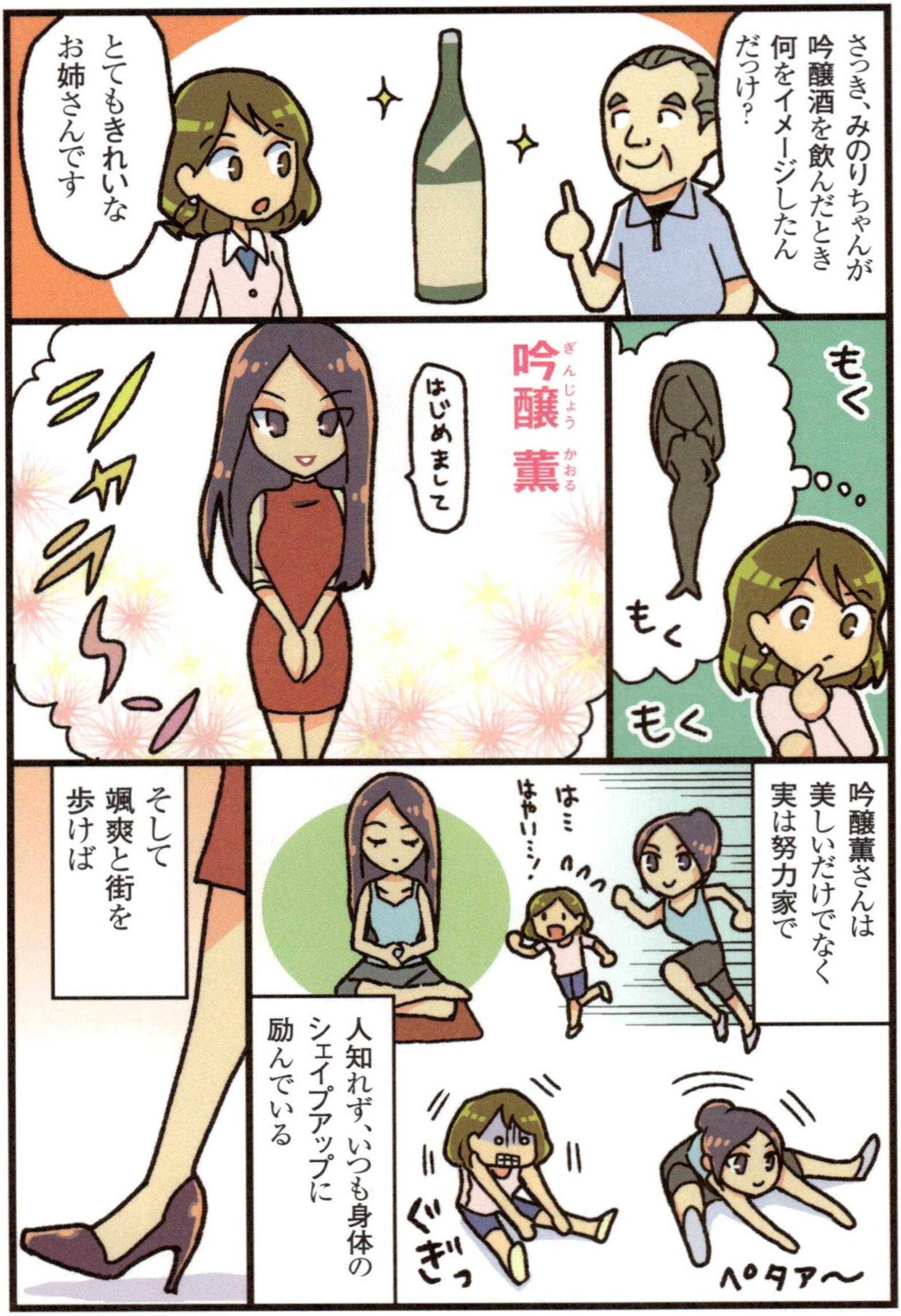
さっき、みのりちゃんが吟醸酒を飲んだとき何をイメージしたんだっけ？
とてもきれいなお姉さんです
もく
もく
もく
吟醸《ぎんじょう》 薫《かおる》
はじめまして
シャラ〜ン
吟醸薫さんは美しいだけでなく実は努力家で
そして颯爽と街を歩けば
人知れず、いつも身体のシェイプアップに励んでいる
ぐぎっ
ペタア〜

洗練された大人の色気で人々を魅了する
すごく良い香りがする！
さらに、吟醸さんのすごいところは
「全国のミスコン」常連者！
吟醸さぁ～ん!!
かおるー!!
ワーワー
吟醸お姉さんって、いったい何者なの!?
ワーワー
では、聴いていただきましょう！
日本酒界が生んだ歌姫吟醸薫の新曲です
愛の吟醸酒!!!
ワーワー
かおるー！愛してるー!!!
・・・
師匠…

特定名称酒

磨きに磨き上げられた美しさ！

吟醸酒《ぎんじょうしゅ》

吟醸《ぎんじょう》 薫《かおる》

吟醸酒の妄想キャラ。ストイックに自分を磨き上げる努力家。華やかな香りと洗練された美貌で、大勢の人を魅了している。

吟醸酒

師匠：吟醸酒を飲むとどんなイメージが思い浮かんだかな？

みのり：吟醸酒は「香り高く、華やかなお酒」で、「フルーツや花の香りがするお酒」だったので、わたしには〝きれいなお姉さん〟が思い浮かびました。

師匠：そのお姉さんのいい香りのことを「吟醸香《ぎんじょうこう》」といって、銘柄によって梨やメロン、バナナ、ときにはラベンダー、キンモクセイの香りに例えられるんだ。
さて、吟醸酒を造るには2つの条件をクリアしないといけないんだよ。

①精米歩合《せいまいぶあい》が60％以下

②「吟醸造《ぎんじょうづく》り」という製法で造られている

みのり：精米歩合が60％以下って、どういう意味？

師匠：精米歩合が60％以下とは、酒米（→P103）を40％以上磨き上げるということだよ。酒米の中心部にはデンプン質が集中している「心白《しんぱく》」という部分があるんだ。この糖に変わる良質なデンプン質だけを残して、酒米表面の雑味になる成分を取り除くことで、雑味の少ないきれいなお酒になるんだよ。

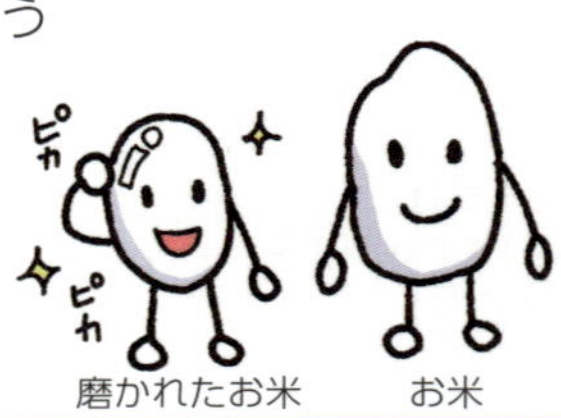

みのり：へえ。それじゃ2つめの「吟醸造り」ってどんな製法なの？
師匠：うん！ いい質問だね。一般的に吟醸造りとは醪《もろみ》（↓P60）をゆっくりと低温で発酵させて造る酒造法のことだよ。でも、造り方に明確な統一規定がないんだ。「ゆっくり」とは何分、何時間、何日のことなのか？ 「低温」とはいったい何度のことなのか？ 数値的な基準はないんだよ。
　それぞれの蔵元があみ出した基準で、それぞれが吟味して醸造するのが「吟醸造り」。だからこそ、蔵元ごとにいろいろなタイプの〝きれいな吟醸お姉さん〟がいるんだよ！
みのり：いろいろなきれいなお姉さん…！ お目にかかりたいです！
　でも師匠。吟醸お姉さんのとても華やかな吟醸香は、ゆっくり低温発酵させただけで生まれるの？
　ほかにも何か理由があるのかな？
師匠：吟醸香は、精米歩合を高めた酒米を吟醸造りで醸造することで発生するんだけど、実は醸造アルコールをほんの少し加えること

吟醸お姉さんがいい香りがするのは醸造アルコールを添加しているからなのね
醸造アルコールを添加しているといっても、ほんの10％以下で、1％程度の使用の蔵元も多い！

で、さらに華やいだ香りになるんだよ。

みのり：醸造アルコールを加えると、どうして香りが華やぐの？

師匠：吟醸香の香り成分は水よりもアルコールによく溶ける性質をもっているんだ。だから醸造アルコールを添加された日本酒の方が、香りをより感じやすくなるんだよ。だから、鑑評会などのコンクール用の日本酒は「大吟醸酒《だいぎんじょうしゅ》」が出品されることが多いんだよ。

大吟醸酒

みのり：えーっと、大吟醸酒って何？　お徳用サイズの吟醸酒ってこと？

師匠：違うよ!!　大吟醸酒とは、吟醸酒が精米歩合60％以下なのに対して、なんと精米歩合が半分以下の50％以下まで磨き上げた〝超・美人な吟醸お姉さん〟のことだよ！

みのり：ええ～！　あのきれいな吟醸お姉さんよりもさらに美人なの～？

磨きに磨かれた美しさなのよ！
大吟醸お姉さん　吟醸お姉さん

和装イケメン 純米くん登場!

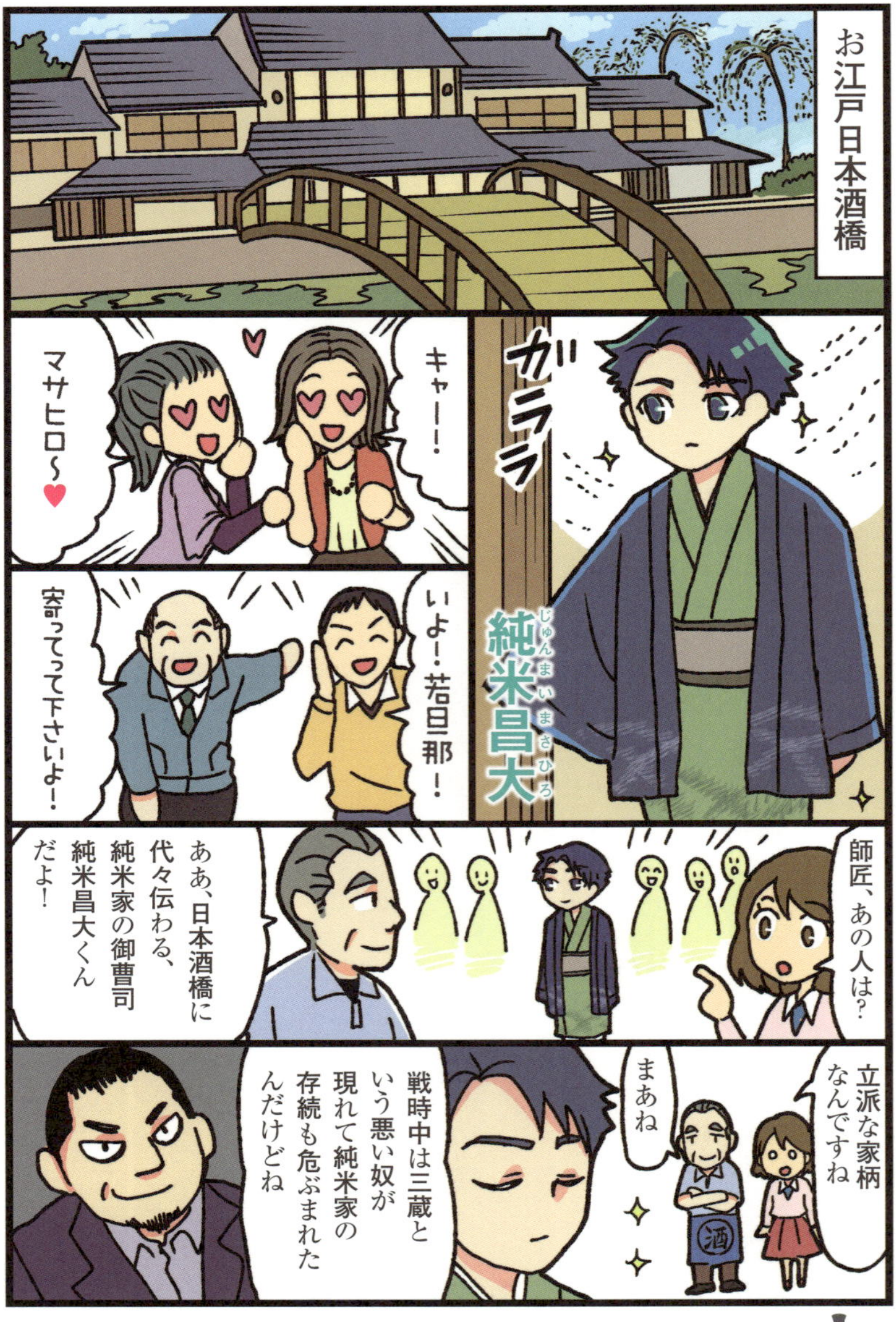

それに負けず、地道に今の純米家を復興させたんだよ
それにしても純米くんは人気者ですね
ワワー
人柄というか、純米くんは誰とでも親しくなるからね
あるときは、イタリア人女性とのパスタランチ
う〜ん！ボー！
また、あるときは魚河岸の親方との飲み会
この舟盛りは素晴らしいですね
また、あるときはフレンチのディナーでデート
セ・ボン！
また、あるときは中華の飲茶で会食
ホント、誰とでも打ち解けちゃうんですね
あれ？
吟醸お姉さんと純米くんが!?
あれは純米くんのお兄さん純米大吟《じゅんまいだいぎん》くんだよ！
兄弟そろって社交的なんですね

特定名称酒

血統の良さがにじみ出る 純《じゅん》米《まい》酒《しゅ》

純米《じゅんまい》 昌大《まさひろ》

純米酒の妄想キャラ。江戸時代から伝わる良家の御曹司。古くからの伝統を重んじる家柄で、育ちが良く和服の似合う好男子。

純米酒の復興

みのり：師匠、そもそものハナシなんですけど、日本酒って「お米」から造っているのに、なんで「純米酒」っていうのですか？

師匠：それは、ズバリ！　純米酒は純粋にお米（と米麹）だけで造られたお酒のことだからだよ。吟醸酒などには醸造アルコールを添加するけれど、純米酒には醸造アルコールは入ってないんだ。だから、純粋な米の酒、純米酒っていうわけだな。

みのり：なるほど、なっとく！

師匠：本来、日本酒は醸造アルコールを入れずに造っていた。だから昔はね、日本酒といえば純米酒のことだったんだよ。

ところがね…。そんな日本酒が、大きく評価を落とした時期があったんだ。

みのり：え！　なんで？

師匠：それは、戦後の米不足の頃、日本酒（純米酒）を3倍に薄めて、添加物を加えた〝三増酒《さんぞうしゅ》〟とよばれるお酒がたくさん造られて…。いつしかそんな三増酒のことを日本酒というようになったんだよ。

みのり：ええぇ!! 3倍も薄めて、しかも添加物を加えるなんて…。

師匠：まあ、当時の日本の情勢に合わせたことだから、仕方ないのだけど…。化学調味料のようなもので味付けしたお酒だから、「日本酒は悪酔いする！」などの悪評が生まれたんだ。こうした三増酒の流布によって、日本酒の地位を落としたともいわれているよ。

でもね！ だからこそ、正統の日本酒といえる純米酒は、日本酒の伝統を守るべく、熱意ある蔵元さんの努力で復興を果たしてきたんだ。今では、そんな蔵元さんの努力の甲斐があって、純米酒が伝統的な日本酒として認められはじめているんだよ。旨い米と旨い水のみで造るからこそ、杜氏《とうじ》(→P189)の腕が試される、ごまかしの効かないお酒なんだ。

純米酒は和・洋・中だけでなく、どんな料理にも合うオールマイティな食中酒。濃厚でコクのあるお酒が多いから、お燗するにももってこいなんだ。一度ハマるとやみつきになるよ！

みのり：師匠！ わたし、お燗酒飲んでみたい!!

ボクが正統の日本酒！
純米酒だ！
ごめんなさい！

純米吟醸酒／純米大吟醸酒／特別純米酒

師匠：みのりちゃん、「純米吟醸酒」「純米大吟醸酒」って聞いたことないかい？

みのり：純米で吟醸なんですか？

師匠：そうだよ。純米酒だから醸造アルコールは加えないけど、お酒の名前に〝吟醸〟と名乗れるのは、お米を磨き上げて吟醸造りをしたお酒のこと。酒米を精米歩合60％以下で磨き上げる純米吟醸酒は、華やかな吟醸香ときれいな酒質が特徴。純米大吟醸酒は酒米を半分以上も磨き上げるんだ。香りは穏やかで、やさしい米の甘みが感じられるんだよ。

みのり：さらにプレミアム感が増した純米酒ってことでいいのかな？

師匠：まあ、好みの問題だから、どれが一番っていうような優劣はつけたくないんだ。なかには吟醸造りにこだわらず、精米歩合70％以下、もしくは蔵元独自の製造方法で造られる「特別純米酒」という個性的な純米酒もあるからねえ。

純米吟醸くん　純米大吟醸くん　特別純米くん

街の人気者　本醸おじさん登場!

なんだか、このおじさん
初めて会ったのに
親しみがある…
ワハハハ
この酒は熱燗も
旨いよ！
なんだか、お父さん
みたいだぁ
おでん出汁《だし》で割っても
旨いよー！
なんだか
自由な人なんだなぁ～
至高の旨さを
追い求めるのも
素晴らしいけど
肩肘張らず
日常的においしいもの
はおいしいんだよ！
普段飲みのお酒にも
文化と歴史が
ありますもんね
な！ ぜってーこの姉ちゃん
オレに惚れてると
思うんだよ！
どっ
ハハハ
…ほめて
ソンしたなぁ～

特定名称酒

親しみやすい温かみが魅力!

本《ほん》醸《じょう》造《ぞう》酒《しゅ》

本醸《ほんじょう》　けんいち

本醸造酒の妄想キャラ。飲み屋界隈で呑み歩くおじさん。誰にでも親しく接する街の人気者。一時期フォーク歌手として活躍。

本醸造酒

師匠：さて、お次は「本醸造酒」だよ！

みのり：実はわたし、この前師匠に飲みに連れて行ってもらってから、すっかり本醸造酒の虜なんです。

師匠：ムフフ、そーだろ！　一般的には高級とされる大吟醸酒や純米大吟醸酒と比べて、大衆酒の本醸造酒だけど、要は日本酒は飲み方が肝心なんだ。お酒の個性を引き出してくれる飲み方をすれば、例えそれが大衆酒だったとしても、決して大吟醸酒にも引けを取らない魅力を開花させるんだよ！

みのり：だけど、大吟醸酒には、「え！　これ？　本当に日本酒？」って、思えるほどのおしゃれなイメージがあるけど、本醸造酒は、「おっさんくさいイメージ」が…。

師匠：なんだよ！　おっさんくさいって！　失礼だな！

日本酒はただ、「酒米を磨き上げればいい！」とか、「香り高ければいい！」という次元のお酒ではないんだよ！　確かに吟醸酒を、「まるでワインのようだ」とか、「こんないいお酒はお燗をしたらもったいない！　冷やで飲め！」なんていう人が多いけど、一概にそうとは限らないんだよ！

みのり：あ！ わたしもそれ、言われたことある。

師匠：お酒を飲むだけのバーだったら、その考えでいいかもしれないけど、ボクは反対だな！ お酒はね、食事を楽しむためにあるんだよ。蔵元の杜氏さんだって、「おいしい料理と合わせて飲んでほしい！」と思って造っているはずだよ。本醸造酒の魅力を語るにはまず、「大吟醸酒至上主義な考え」は捨てた方がいい！

ズバリ言おう！ 本醸造酒の魅力とは、「普段飲みできるコストパフォーマンスの良さ」と「日常の食事に合わせて飲める温度帯の広さ」だね。

みのり：コストパフォーマンスと温度帯の広さ？

師匠：本醸造酒は精米歩合70％以下の純米酒に醸造アルコールを加えたものだから、精米歩合の低い吟醸系のお酒と比べたら安価で楽しめる日本酒なんだ。

みのり：そこが大衆酒といわれている理由ですね。

師匠：それに、醸造アルコールを添加するのは決して価格を下げるための水増しじゃないんだ。香味の調整のために、醸造アルコールをほんの10％以下（酒米1tに対して120ℓ以下）程度を使用しているだけ。本醸造酒は純米酒と同じよう

本醸造酒	精米歩合：70%以下
特別本醸造酒	精米歩合：60%以下又は特別な製造方法

これに醸造アルコールを添加するんだよ
（10％以下）
酒

な風味をもつけど、純米酒よりも軽く、後味がキレのいいものが多いんだよ！　純米酒同様お米本来の味を感じながらもスッキリとした味わいは、どんな料理にも合わせられるし、また冷酒でも、常温でも、燗酒でも魅力を発揮できるんだ。

高級レストランや懐石料理ばかりじゃ疲れちゃうだろう？　家では「クリームコロッケ」や「ぬか漬け」を食べたいというのが人の心情だよ！　そんな普段使いで、お気に入りの本醸造酒に出会えたら、それこそ、みのりちゃんはメロメロになってしまうんじゃないかな？

特別本醸造酒

みのり：師匠！　わたしわかった気がする！

まずは、「理屈よりも飲んでみろ！」ですね。グビッ。

師匠：あれ？　それは「特別本醸造酒」だね。酒米の精米歩合を60％以下、もしくは蔵元独自の製法やお米にこだわって造り上げた特別な本醸造酒だよ！

みのり：うぃ～、どおりで個性的な味がすると思ったわ！

特別本醸造おじさん

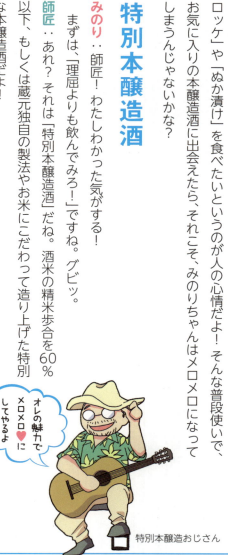

そして、新たなる日本酒ワールドへ！

	名称		使用原料			精米歩合
特定名称酒	吟醸酒	大吟醸酒	米	米麹	醸造アルコール	50%以下
		吟醸酒	米	米麹	醸造アルコール	60%以下
	純米酒	純米大吟醸酒	米	米麹		50%以下
		純米吟醸酒	米	米麹		60%以下
		特別純米酒	米	米麹		60%以下または特別な製造方法
		純米酒	米	米麹		70%以下
	本醸造酒	特別本醸造酒	米	米麹	醸造アルコール	60%以下または特別な製造方法
		本醸造酒	米	米麹	醸造アルコール	70%以下

●特定名称酒は米麹の使用割合（白米に対する米麹の重量割合）が15%以上と規定されています

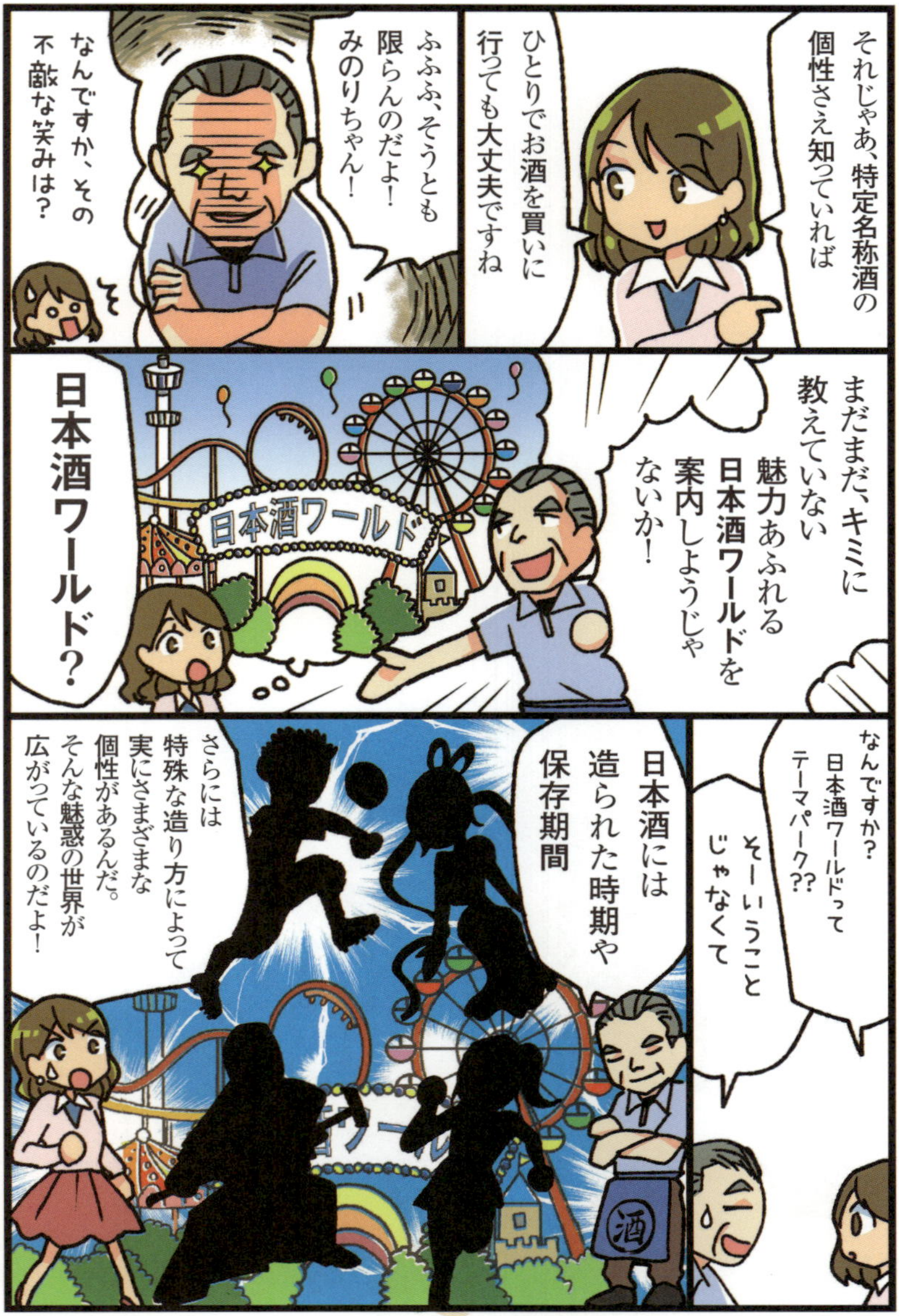
それじゃあ、特定名称酒の
個性さえ知っていれば
ひとりでお酒を買いに
行っても大丈夫ですね
ふふふ、そうとも
限らんのだよ！
みのりちゃん！
なんですか、その
不敵な笑みは？
まだまだ、キミに
教えていない
魅力あふれる
日本酒ワールドを
案内しようじゃ
ないか！
日本酒ワールド
日本酒ワールド？
なんですか？
日本酒ワールドって
テーマパーク？？
そーいうこと
じゃなくて
日本酒には
造られた時期や
保存期間
さらには
特殊な造り方によって
実にさまざまな
個性があるんだ。
そんな魅惑の世界が
広がっているのだよ！
酒

いつも応援ありがとう
サイン下さい!
オレのいる?ー

STEP 2

ラベルから読みとる！

日本酒のいろいろ

新酒《しんしゅ》

フレッシュな新入社員！

師匠：さて、みのりちゃん、年間を通して一番新しい日本酒ができる時期って、いつだと思う？

みのり：やっぱり、みのりの秋ですか？

師匠：なるほど。でも残念！ 早いものは11月下旬、一般的には年明けだよ。

蔵元によって時期は違うけど、通常酒米の収穫を終えた9月末～10月、秋の終わり頃から日本酒造りがはじまるんだ。 そして、 冬の寒い時期に酒造りのさまざまな行程を経て、丹誠込めて造られたお酒が新春を迎える頃に初搾りされる。

新酒《しんしゅ》 かすみ

新酒の妄想キャラ。今年デビューしたピカピカの新入社員。どんなスキルを秘めているか楽しみな存在。

そうして造られた最初の日本酒を「新酒」とか、「しぼりたて」とよぶんだよ。

みのり：できたてのお酒かぁ〜。どんな味がするんだろ？

師匠：ひと言でいうならば、搾りたての新鮮な風味が魅力だね。

みのり：ワインに例えるなら「ボジョレー・ヌーヴォー」なのかな？

師匠：そーだね。「日本酒ヌーヴォー」なんていう人もいるね。生まれたばかりの日本酒だから、日本酒愛好家の中には「渋い、少し苦みを感じる」なんていう人もいるけどね。

みのり：あ！ そういえば、「ボジョレー・ヌーヴォーは、その年のブドウの品質をチェックするためのお酒だから、試飲用で深みがない」って聞いたことがある。

師匠：ははは、確かにそういった目的もあるだろうけど、日本酒もボジョレー・ヌーヴォーも純粋にその年の収穫と新酒のでき映えをお祝いするものだよ。熟成前の若々しい新酒の風味はその時期にしか味わえない、とても爽やかなものなんだ。ボクは好きだなぁ！

みのり：出荷時期を考えると、新酒は年越しや新年のお祝いにピッタリなお酒なんですね。

師匠：お花見に持って行くのもいいよ！
　また、この新酒が今後どのように熟成して、素晴らしい銘酒に育っていくか、想像しながら飲むのもいいものだよ。

みのり：そっかぁ、銘酒の新人ちゃんなのかぁ〜。

中途入社組は個性派揃い！

冷《ひ》やおろし

秋上《あきあがり》 岳《がく》

冷やおろしの妄想キャラ。秋デビューのスキルの高い新人。食欲の秋ゆえに最近ちょっと太り気味。

みのり：師匠、この「冷やおろし」って何ですか？

師匠：冬場に造られた日本酒を新春に出荷するのが新酒なら、春・夏としっかり熟成させて、秋口に出荷したものを冷やおろしとよぶんだよ。

通常日本酒は2回火入れ（低温加熱殺菌）（→P190）するんだけど、風味を大切にするため、冷やおろしは貯蔵する前の1回しか火入れをしない「生詰め（→P93）」という技法が用いられることがほとんどなんだ。

みのり：へぇー。でも、なんで冷やおろしって名前なんですか？

師匠：諸説いろいろあるけどね。暑い夏を過ぎて、タンク内で熟成された日本酒と外気温が同じになる9〜10月頃に出荷される（＝涼しくなってから出荷される）から冷やおろしとか、「冷や」は「生酒《なまざけ》（↓P91）」の意味で、「おろし」は「出荷」の意味ともいわれている。

なので、冷やおろしは「生詰酒《なまつめしゅ》（↓P93）」の別名でもあるんだよ。ちなみに一度も火入れをしない「生酒」の冷やおろしもあるよ。最近では「秋にでき上がった酒」として、「秋あがり」なんてよばれることも増えてきてるんだよ。

みのり：へぇー、秋あがりですか！　秋は「食欲の秋」！　食べ物がおいしくなる季節でもありますからね。

師匠：そうだね。冷やおろしは半年間熟成させたことによって、飲み口がまろやかになって、味わいはより深くなっているのが特徴なんだ。だから、魚介類、肉類問わず、脂ののった秋の食材とは

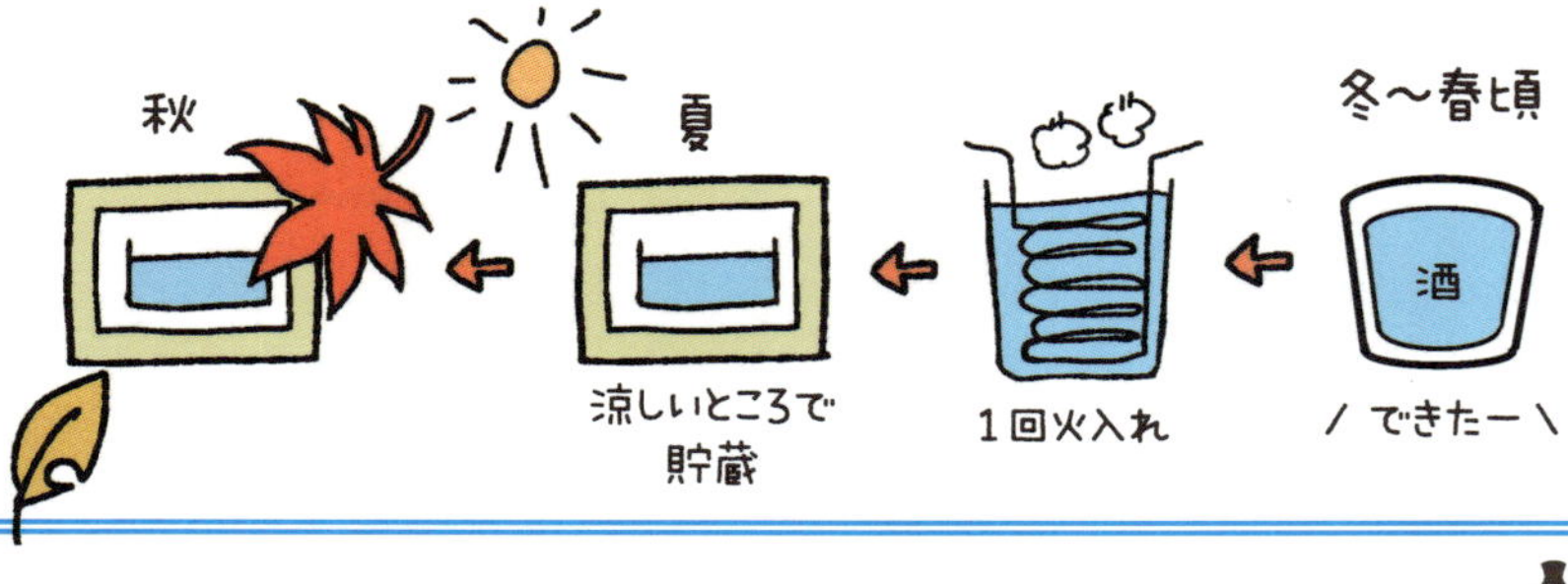

相性がばっちりなんだよ！
　お燗にも向くお酒だから、少し寒くなった時期に「秋の味覚のきのこ鍋で一杯」なんて、最高だよ！

みのり：師匠！　わたし、想像しただけで太っちゃいます。

師匠：実はボクも、冷やおろしの時期になると、ジビエと合わせて、ついつい飲み過ぎてしまうんだよ！

古酒《こしゅ》

ナイスミドルな魅力は若者も魅了する！

古酒《こしゅ》 コウイチ

古酒の妄想キャラ。経験を積んだ高いスキルは大人の魅力。ナイスミドルでダンディなおじさま。

みのり：ねぇ、師匠、　若いお酒もいいですが、もっと熟成が進むとどうなってしまうんですか？

師匠：おっ！　みのりちゃんもついに、その領域に踏み込むかい？

みのり：えぇぇ〜！　危険な領域なんですか？

ま、まさか！　一度足を踏み入れると抜け出せなくなるとか？

師匠：いやいや、とても魅力あるお酒だよ。

例えば、沖縄で泡盛を「くーす」とよばれる古酒にしたり、ブランデーやワインにも〝何年もの〟とあるように、お酒をきちんとした管理のもとで貯蔵して熟成させる文化が日本酒にもあるんだよ。

これから紹介するお酒は、その年の酒造《しゅぞう》年度（BY《びーわい》→P190）以前に造られた「古酒」というお酒だよ。

みのり：造られてから、1年経過した日本酒ってこと？

師匠：そうだね、正確には製造から1年以上経った日本酒はすべて古酒なんだ。

3年、5年、10年と熟成を積み重ねれば「長期熟成酒（→P51）」という、さらに味わい深い古酒になるけど、今回は3年未満の古酒の説明をしておくか。

みのり：日本酒の古酒って、どんな味がするんだろ？

師匠：まずは論より証拠！

常温保存した3年ものの古酒を飲んでみよう。

ほら、グラスに移すと、琥珀色のきれいなお酒だろう！

みのり：ほんとですね！ それじゃ…、コクン…。とってもまろやかで、なんだかライトな紹興酒を飲んでいるような。ドライシェリーみたいないい香りがする！

師匠：この古酒の味や香りは貯蔵年数だけではなく、貯蔵の方法や酒造りの行程

熟成
30年
10年
5年
新酒
熟成が進むとお酒の色もだんだんと濃くなっていくんだよ
酒

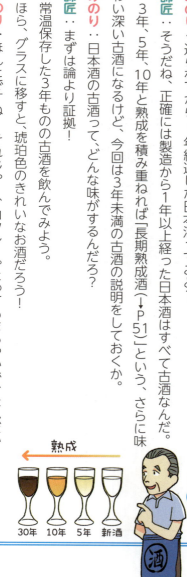

によっても変わってくるんだ。
　さらにいえば、製造年の気候や温度、湿度、酒米の質によっても熟成具合が変化するので、どんな味わいになるかは造り手の蔵元でさえ、飲んでみるまでわからないんだよ。

みのり：どんな味になるか、楽しみな日本酒なんですね。

味わい深さは〝年の功〟

長《ちょう》期《き》熟《じゅく》成《せい》酒《しゅ》

長熟《ちょうじゅく》 陽子《ようこ》

長期熟成酒の妄想キャラ。人生経験豊富で、なおかつ今も新しいことに挑戦し続けるスーパーおばあさん。

みのり：師匠、わたしあれから古酒の魅力に取り憑かれちゃって、興味が湧いてきています！

師匠：よし！ では、さらに熟成が進んだ「長期熟成酒」を飲んでみようか！

みのり：古酒よりも熟成が進んでるんですか!? いや〜ん！ 楽しみですぅ♪

師匠：な、なんだ、みのりちゃん！ ノリがいいなぁ。それで、感想は？

みのり：うわぁ〜、ものすごく個性的な味ですね……。

師匠：正直、苦手な味って、ことかな？

みのり：初心者のわたしにはちょっと敷居が高過ぎるかも…。

良くいえば「ブランデーのような味わい」なんでしょうけど、わたしには「干しシイタケ」や「干しブドウ」のような味わいです。

師匠：なるほど、でも「干しシイタケ」や「干しブドウ」に例えたってことは、出汁《だし》のような旨味は感じたってことだよね。

では、少し温めて同じ酒を飲むと、どうかな？

みのり：あ！　飲みやすくなった。甘くなった気がします。

師匠：長期熟成酒は35℃前後に温めた人肌くらいの温度にすると、味が膨らんで甘味やコクを感じるようになり、おいしくなるんだよ。

長期熟成酒の魅力は、長い年月の中で培われた、いわば〝ロマン〟なんだよ。

そのロマンは造り手である蔵元さんでも、栓を開けて味わってみて、初めて体験できるものなんだよ。

想像してごらん！　何年も何十年も大事に管理された貯蔵庫の中で熟成されたお酒が、口開けされる瞬間を!!　「どんなお酒に仕上がっているのだろう？」「本当に旨いか？」「濃厚か？」「香りは？」など、年季が入った分だけ期待も大きくなると

長期熟成酒は干しシイタケや干しブドウのような味がしました。

いうものだよ！

みのり：ロマンかぁ〜。そう思って飲むと、この長期熟成酒は、とてもまろやかな味がする。からだ全体を温めてくれるような温かさと味わい深さがあって、「矍《かく》鑠《しゃく》としてカッコイイおばあさん」みたいなイメージかな？

師匠：ちなみにそのお酒はみのりちゃんと同じ25年モノだよ！

みのり：師匠！ わたしの年齢ばらさないで！

原酒《げんしゅ》

ワイルドな魅力にメロメロです♥

原酒《げんしゅ》 タカユキ

原酒の妄想キャラ。パワフルで、ワイルドな日本男児。本性はとても良い奴なので、水を飲むとやさしくなる。

みのり：ところで、師匠。最もワイルドな日本酒って何ですか？

師匠：おもしろい質問だね。

いろいろな日本酒をすすめることができるけど、ボクが感じるワイルドでいいなら、〝日本酒の中の日本酒〟という意味で、ぜひ「原酒」を味わってほしい！

みのり：原酒？　原始時代のお酒ですか？

師匠：あはは、まあイメージとしては間違っていないかもね。任侠映画でよく〝男の中の男〟って表現が出てくるだろう？　まさに「原酒」は〝日本酒の中の日本

酒！〟ってことだよ。

みのり：任侠映画ですか？ 古いですね。

師匠：ま、まあね……。原酒を〝日本酒の中の日本酒！〟と例えるゆえんは、基本的には日本酒を造るときには加水をするんだけど、原酒はいっさい加水しないで造る日本酒なんだよ！

みのり：えぇぇ～！ いっさい加水しないということは、とてもアルコール度数が高いということ？

師匠：そうだね。日本酒の中では、ずいぶん荒くれ者のイメージだけど…。とはいっても、日本酒なのでアルコール度数は18度くらいだけどね。

みのり：いやいや、わたしにとっては十分高い度数ですよ！

師匠：そんなみのりちゃんにおすすめの飲み方は「原酒オン・ザ・ロック」だね。日本酒本来の旨味と香りを楽しみながら、ゆっくり氷が溶けていくので味の変化も楽しめる。ぜひ、おいしい氷にもこだわって飲んでほしいね。

みのり：「原酒オン・ザ・ロック」かぁ～。なんだかおしゃれなお酒ですね。

師匠：原酒は加水していない日本酒だから、造り手の酒蔵が目指す日本酒の風味

原酒は
そのままを
味わうか、
オン・ザ・ロックが
おすすめだよ！
酒

をストレートに凝縮したお酒なんだ。だから、原酒はアルコール度数の高いお酒だけど、オン・ザ・ロック程度にしておいて、できるだけストレートで飲んでほしいお酒だな。

みのり：そうですね。わたしもストレートで飲んでみます！ グビグビ…。

師匠：みのりちゃん！ 和らぎ水（→P143）も飲んで!!

自由奔放なナチュラルガール

無《む》濾《ろ》過《か》

蒼井《あおい》 ムロカ

無濾過の妄想キャラ。自由奔放な性格で“ワガママ”だと周りからはいわれるが、自然体の純粋さが魅力。

みのり：師匠、できたてのお酒って、やっぱり蔵元に行かないと味わえないんですよね？

師匠：うん！ まあ、そうなんだけど、蔵元まで行かずとも〝よりできたてに近い味わい〟のお酒はあるよ。

それは「無濾過」と表記してあるお酒なんだけど…。

いや、実に自由奔放な日本酒でね。

みのり：無濾過？ 自由奔放…って、どういう意味ですか？

師匠：一般的に日本酒は活性炭で濾過《ろか》作業を行っているんだけど（↓P178）、無濾過は、その濾過作業を行っていない日本酒のことなんだ。

濾過の目的としては、脱色、香味の調整、異臭の除去なんだけど、濾過をし過ぎると必要以上に香味特性（個性）が損なわれるんだ。

だから、日本酒の個性を失わせないために最近では濾過しない、もしくは少ししか濾過しないタイプの日本酒が増えてきているんだよ。

みのり：へぇ～、だから、濾過をしないと〝できたてに近い味わい〟になるんだ。

師匠：まあ、できたてに近い味わいといっても、無濾過の日本酒は香味バランスを整えていないので、日本酒に含まれる味わいの要素それぞれが主張していることが多い。なので、自由奔放なお酒と表現したんだよ！

みのり：できたてのお酒をそのままの状態で飲むのだから、香味のバランスが変だったり、雑味が残っていたりするってことですか？

師匠：そう、そのとおり！ ちょっとくらいバランスがおかしくても、雑味があってもいいじゃないか！ 無調整で自由奔放な日本酒だからこそ、愛しく感じることもあるんだよ！

濾過して完成された日本酒よりも、うっすらと山吹色を残して、香気成分を豊富に含んだ無濾過の日本酒は、生まれたてで無垢のまま瓶詰めした旨さなんだよ。

みのり：牛乳に例えると「成分無調整牛乳」とか？

師匠：うーん？ そんな、優等生な例えじゃなくて…、どんなにわがままな娘でも、自分の孫はかわいいっていうじゃないか？

みのり：師匠、よけいわかりづらくなってますが…？

日本酒ができるとき―上槽《じょうそう》の工程―

みのりちゃん！今日は日本酒ができる瞬間を見てみよう！
そういえば…どんなふうにできるのか知らないんです！

日本酒は「米」と「米麹」を発酵させることによってできる「醪《もろみ》」を搾ることによってできるんだ。

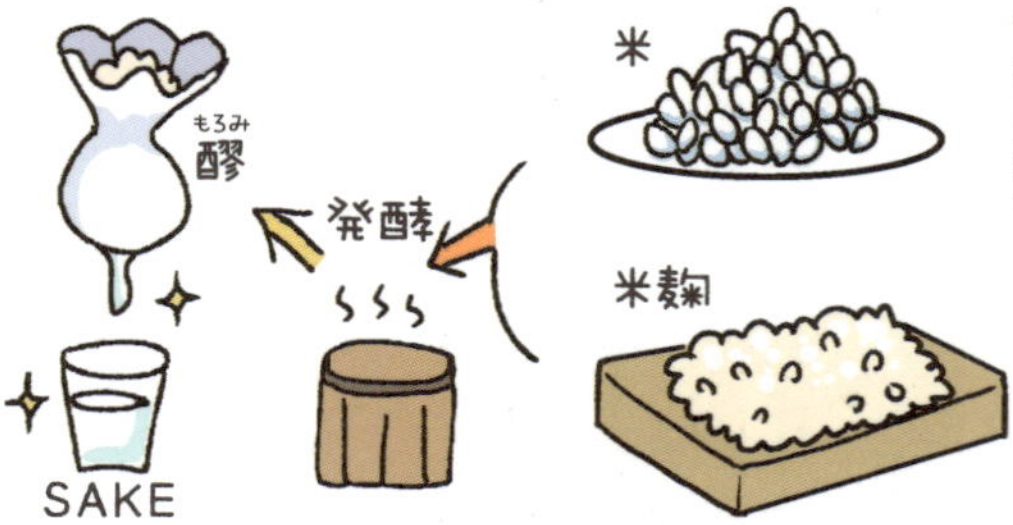
米
米麹
発酵
醪《もろみ》
SAKE

※醪を搾る工程を上槽といいます

代表的な上槽の方法

①ヤブタ式

最も一般的な日本酒の搾り方で、自動圧搾機とよばれる機械を使って搾ります。きれいにお酒と酒粕を分けることができます。

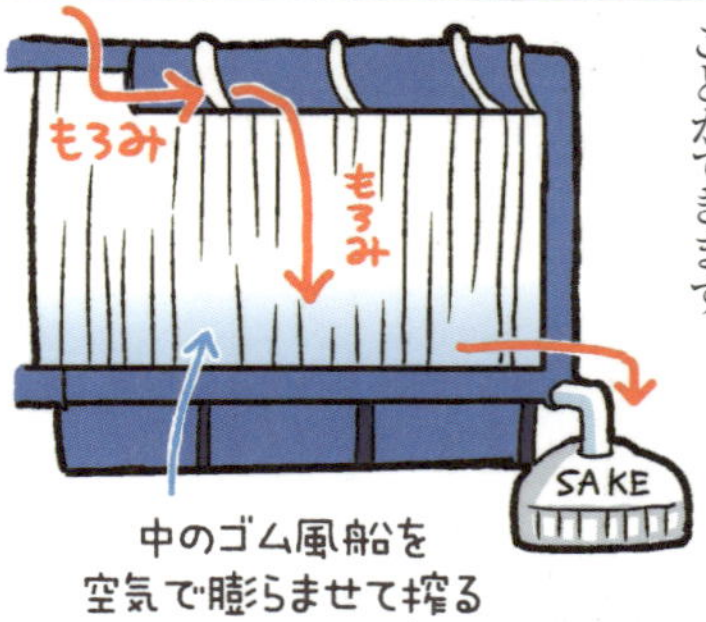
もろみ
もろみ
SAKE
中のゴム風船を
空気で膨らませて搾る

時間をかけずに搾ることができるため、安定した品質を保つことが可能です。

②槽《ふね》搾り

次は伝統的な日本酒の搾り方。酒袋に醪を入れ、上から圧力をかけて搾ります。

SAKE

この搾るための道具の形が船の底に似ていることから、「槽搾り」とよばれるようになりました。時間はかかりますが、酒にストレスをかけず搾ることができるので、上品な味わいの酒が生まれます。

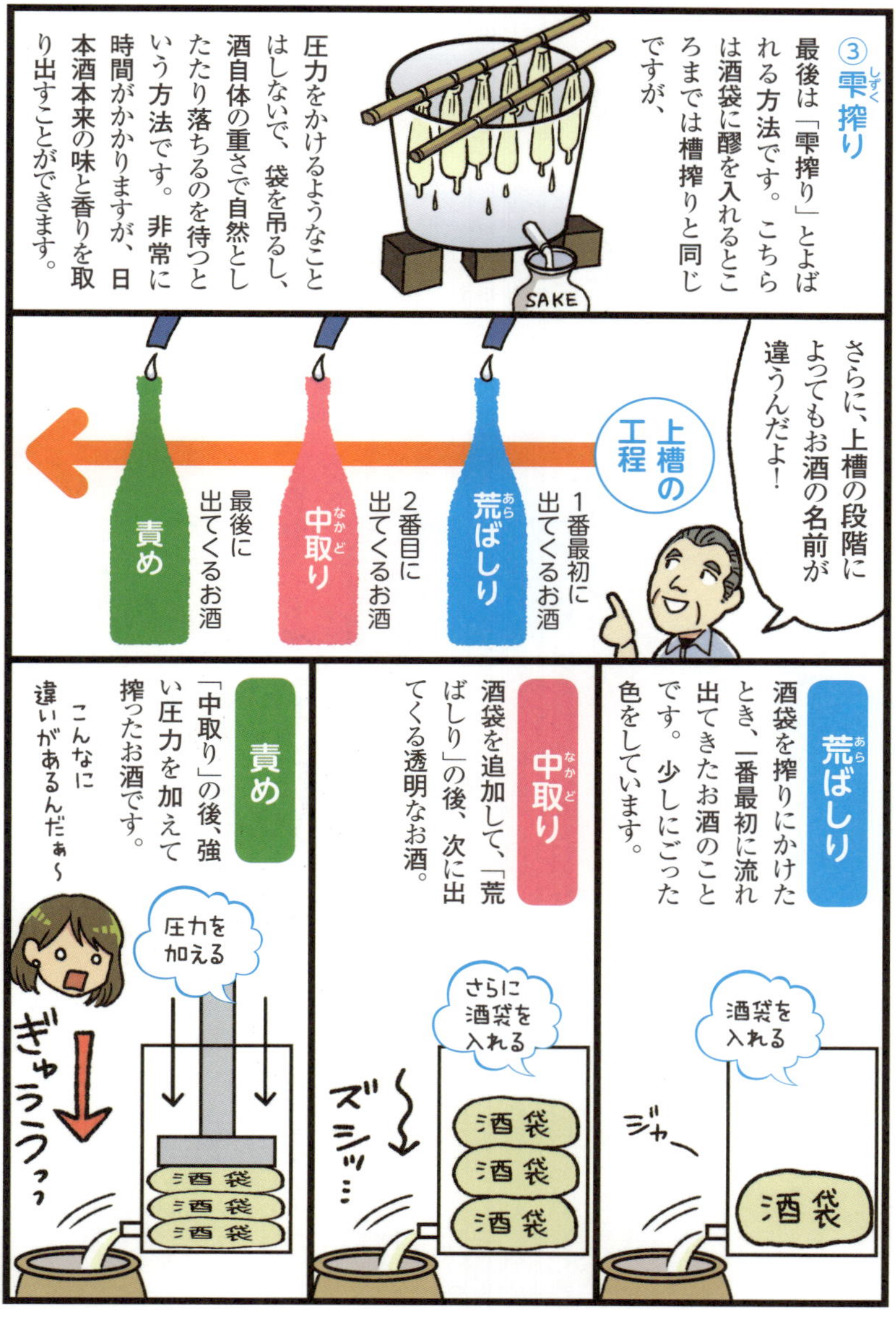
③雫《しずく》搾り
最後は「雫搾り」とよばれる方法です。こちらは酒袋に醪を入れるところまでは槽搾りと同じですが、
圧力をかけるようなことはしないで、袋を吊るし、酒自体の重さで自然としたたり落ちるのを待つという方法です。時間がかかりますが、非常に日本酒本来の味と香りを取り出すことができます。
SAKE
さらに、上槽の段階によってもお酒の名前が違うんだよ！
上槽の工程
1番最初に出てくるお酒
荒《あら》ばしり
2番目に出てくるお酒
中取《なかど》り
最後に出てくるお酒
責め
荒《あら》ばしり
酒袋を搾りにかけたとき、一番最初に流れ出てきたお酒のことです。少しにごった色をしています。
酒袋を入れる
ジャ〜
酒袋
中取《なかど》り
酒袋を追加して、「荒ばしり」の後、次に出てくる透明なお酒。
さらに酒袋を入れる
ズシッ
酒袋
酒袋
酒袋
責め
「中取り」の後、強い圧力を加えて搾ったお酒です。
こんなに違いがあるんだぁ〜
圧力を加える
ぎゅううっっ
酒袋
酒袋
酒袋

荒《あら》ばしり

ハイテンションに走るトップランナー

荒走《あらばしり》 あけみ

荒ばしりの妄想キャラ。颯爽と走る姿が美しいマラソンランナーで、常に1着でゴールする。

師匠：前ページの「上槽《じょうそう》の工程」をおさらいすると、

・1番最初に出てくるお酒……荒ばしり

・2番目に出てくるお酒……中取り（↓P65）

・最後に出てくるお酒……責め（↓P68）

というんだ。

まずは「荒ばしり」について話そうかね。

みのり：荒ばしりって、ずいぶんと荒々しい名前ですね！

なんか、「暴れ馬」が暴走しているイメージです。

師匠：いやいや、荒々しいというイメージは当たっているけれど、そういうことじゃなくて…。
荒ばしりとは日本酒を搾ったときに一番はじめに出てくるお酒のことだよ。
荒ばしりは圧力をかけず、醪《もろみ》の入った酒袋の重さだけで自然に出てくる少量しか取れないお酒なので、とても希少価値が高いんだ。
みのり：日本酒の一番搾りってコトですね。
師匠：それでは、一番搾りを飲んでみようか。
みのり：あっ！　グラスに注ぐと、うっすらと白っぽい色なんですね。
とても、いい香りがする！
師匠：一番最初に出てきたから香気成分が高く華やかな香りがするんだよ。
みのり：あれ？　飲んでみると微かにシュワシュワする！
フレッシュなガス感が気持ちいいです！
師匠：荒ばしりは特に新鮮で、発酵後間もないのでガス感を感じられるものが多いんだよ！
搾りはじめということもあり、味が不安定で少し荒々しく感じるけど、新鮮な味わいは荒ばしりならではだね。

みのり：なるほど！　次はどんな味になるのだろう？　という意味で、日本酒の〝最初の一歩〟ってコトですかね？

師匠：いや！　ボクは最初の一歩というよりも、日本酒造りの長い道のりを越えて、最初にゴールするマラソンランナーとして讃えたいなぁ。

荒走あけみさんは
美しきマラソンランナー
アケミ♡
どんなに苦しい道のりも、
決して苦とせず
颯爽と走り抜ける姿は
見るモノを感動させる！
威風堂々と完走！
1着のゴールテープが
切られる！
ハイ！ハイ！ハイ！
途中、ものすごーく
疲れちゃったんですけど
やっぱガンバロウかなって
思って…
この人って、
しゃべんなきゃ
美人なんだけど
なぁ～
記者
記者
ホント！
同じ人？
なんです
かね～

バランスの良さは国民栄誉賞もの！

中取《なかど》り

師匠：さて、少しにごりのある「荒ばしり」は徐々にきれいな透きとおった液体へと変化していく。この部分を「中取り（中汲《なかぐ》み・中垂《なかだ》れ）」というんだよ。

中取りは荒ばしり同様に、酒袋の重さだけで自然にしたたり落ちたお酒のみを採取する、圧力をかけない方法がとられているんだよ。

まあ、理屈ではなく荒ばしりと中取りの違いは、飲んで体感してみよう。

みのり：あ！ さっき飲んだ荒ばしりと比べて中取りの方が、マイルドで飲みやすいように感じました。

師匠：中取りは、香り・味ともにバランスが良いので、よくお酒の鑑評会などに

中取《なかどり》 コウヘイ

中取りの妄想キャラ。心・技・体に優れたバランスの良いアスリート。スキルは高く国民栄誉賞の候補者。

出品されるのは、この中取りという部分なんだよ。

みのり：へぇ〜！ 中取りって、優等生なんですね。

師匠：優等生でもあり、均整の取れたアスリートに例えたいかな。
しかも、性格まで良くて、イケメンときてる！ どうするね？

みのり：ぜひ！ 結婚を前提にお付き合いしたいです！

これも CHECK!

鑑評会常連の超エリート

斗《と》瓶《びん》囲《がこ》い

みのり：ラベルの肩貼りに「斗瓶囲い」って書いてあるけど、「斗瓶」って何ですか？

師匠：「斗《と》」とは昔の尺貫法の単位で、10升《しょう》で1斗だから、18ℓのガラス瓶のことだよ。「中取り」をガラスの一斗瓶に入れて、大事に選りすぐったお酒なんだ。

みのり：日本酒をガラス瓶に入れるメリットって？

師匠：ガラス瓶での保存は日本酒独自の香りを逃がさないこと。空気を通さないので酸化防止にもなる。そしてタンクよりもはるかに小さいので、保管がしやすく品質が安定するんだ。

　鑑評会などに出品されることも多い斗瓶囲いは、いわば大事に育てられた〝箱入り娘〟のような日本酒なんだよ。

斗瓶《とびん》 みつき

斗瓶囲いの妄想キャラ。良家の箱入り娘で、品行方正、才色兼備の超美人。美人コンテストの常連でもある。

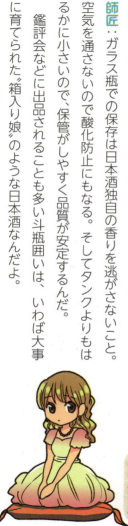

ラスボスは濃厚キャラ

責《せ》め

責《せめ》 ユウト

責めの妄想キャラ。サッカー選手。対戦相手にプレッシャーを与えるアクの強いプレーに定評がある。

みのり：師匠！ このお酒、濃いですね～、原酒ですか？

師匠：はは！ だまされたな！

これは「責め」といって、「中取り」の後、最後に圧力をぎゅーっとかけて搾る、濃厚で複雑な味わいのお酒なんだよ。

みのり：〝攻めの強いラスボス登場！〟って、イメージですね。

師匠：それは、雑味もあるけど旨い！ ってコトかな？ 責めはこの雑味も含めた味わいが醍醐味なんだ。一般的な日本酒は、「荒ばしり」「中取り」「責め」のすべてを混ぜ合わせて出荷されるから、責め単体で市場に出回ることは少ない。
だから、とってもレアな日本酒といっていい！

みのり：えぇ〜！　そんなぁ！「最後の搾りカス」なのかと思っていたのに、そんな貴重なお酒を飲ませていただいて、ありがとう！　師匠！

師匠：なんだよ！「最後の搾りカス」って！
「ラスボス」って言ってたじゃないか!!

澱《おり》がらみ

まるで、羽衣をまとった天女

羽衣天女《はごろもてんにょ》おりちゃん
澱がらみの妄想キャラ。天女伝説に例えられるほどの美女だが、酒グセが悪く酔うとからんでくる。

みのり：あれ？ このお酒。瓶の底に白いものが沈殿してますけど？

師匠：これはね、こうやって、ゆっくりと瓶を逆さにして、そのままやさしく元に戻すと、ほら、スノードームみたいだろう？

みのり：ほんとだぁ。とてもきれいなお酒ですね。

師匠：ひらひらと舞っている白いものは〝澱《おり》〟といって、醪《もろみ》を搾ったときに、かすかに残ったお米や酵母などの小さな固形物なんだ。それらが浮遊して、雪のように見えるんだよ！

みのり：へぇ〜、白く見えたものは澱だったんですね。

師匠：通常、日本酒は搾った後にタンクに入れて少し休ませておくことで、滓を沈殿させて上の澄んだ部分のみ使用するんだ。でも、滓がらみは、沈殿した滓を混ぜたもの、「滓がからんでいるお酒」だから「滓がらみ」というんだよ。

みのり：なるほど、通常は透明な日本酒だけど、あえて取り除く部分の滓を混ぜ合わせているんですね。

師匠：そうだね、ほかにも滓がお酒をかすませているように見えるところから、「かすみ酒」なんてよばれたりもしているよ。

昔の人は「まるで、羽衣をまとった天女のようなお酒」と、例えたりもしたんだ。ロマンチストだね。

みのり：どんな味がするのかな？

師匠：滓は、デンプンや不溶性タンパク質、酵母や酵素などの旨味成分（アミノ酸）のこと。だから滓がらみは通常の日本酒よりも旨味成分を多く含んでいるんだよ。

また、火入れ（→P190）したものと生酒《なまざけ》（→P91）では味わい

が違うんだ。火入れしたものは、透明な日本酒よりもお米の旨味が感じられるんだ。特に生酒だとその傾向は強く、微発泡を感じるものもあるよ。

みのり：へぇ～！ おいしそう！

師匠：滓がらみと滓のないお酒を飲み比べてみるのもおもしろいね。

超個性派の日本酒は存在感抜群！

にごり酒《ざけ》

MC《えむしー》 KASSEY《かっせい》

にごり酒/活性清酒の妄想キャラ。酒愛あふれるラッパー。Live中、盛り上がると暴発することも多々ある。

師匠：では、さらに白くにごった日本酒を飲んでみようかね。

みのり：今度は滓《おり》の部分がさらに多いんですね。

師匠：これは「にごり酒」といって、火入れしていない生のものを「活性にごり（活性清酒）」、火入れしたものを「にごり酒」とよんでいるんだよ。

まずは飲んでみようか！

みのり：あっ！ シュワシュワしてる!!

師匠：そうだね、こちらが活性にごりだよ。

火入れをしていないので、酵母が生きたままの状態で瓶詰めされている。そのため瓶の中で酵母が発酵して、シュワシュワと炭酸ガスを発泡するものが多いのが特徴なんだ。

一方、次に飲む火入れをしているにごり酒は、炭酸ガスを発生しないよ。

みのり：わわ！このお酒！濃厚ですね！

師匠：にごり酒は、目の粗い酒袋で醪《もろみ》をこしているので、その分「滓がらみ」よりも滓を多く含んでいるから、味が濃くて独特の風味があるんだよ。

みのり：へぇ〜！おもしろいお酒ですね！

師匠：にごり酒は滓の部分が底に溜まっているから、基本的には瓶をゆっくり傾けながら、滓をよく混ぜ合わせて飲むんだけど、あえて混ぜ合わせずに上澄みの透き通った部分だけを楽しむのもにごり酒の楽しみ方なんだ。

特徴を活かして、2種類の味を味わえるのもにごり酒の醍醐味だね。

みのり：濃厚な味わいだから、ロックで飲んだり、お燗してみてもおいしそうですね。

ところでこのお酒、ラベルに「開栓注意」って書いてあるんですけど、これ

炭酸ガスが吹き出さない為のポイントだよ！
※活性にごりではいきなりフタを開けると、勢いよく炭酸ガスが吹き出る可能性があるので、少しずつフタの開閉を繰返しながら、開栓するのがポイントだYo！

※すべての「活性にごり」が炭酸ガスを発生して吹き出すわけではありません

はどういう意味なんですか？

師匠：活性にごりの特徴は、酵母が生きたままの状態で瓶詰めされて、炭酸ガスが発生し続けていること。だから、冷蔵保存していても開栓のとき、シャンパンみたいにブファーっと吹き出しちゃうこともあるから、注意喚起のために「開栓注意」って書いてあるんだ。

みのり：なるほど、そういう意味だったんですね！

フレンチタイプの日本生まれ

瓶《びん》内《ない》二《に》次《じ》発《はっ》酵《こう》

二次《にじ》 ローラ

瓶内二次発酵の妄想キャラ。ハーフモデルのような日本人離れした風貌。日本生まれのヤマトナデシコ。

みのり：師匠！ 日本酒の棚にワインが混ざってますよ！

師匠：おしゃれなボトルとラベルにだまされおって！

これもれっきとした日本酒なんだよ。

みのり：えぇ〜！ わたし、てっきり師匠がボケてしまったのかと思って…。

師匠：失礼なヤツだな！

このお酒は「瓶内二次発酵」といって、造り方はさまざまだけど、でき上がったお酒を瓶詰めした後に炭酸ガスを発生させるために、生きた酵母をさらに発酵させるものや、酵母と糖を追加して再発酵させるものなどがあるんだ。

みのり：まるで、スパークリングワインみたいですね。やさしいシュワシュワ感がとても心地良いです！

師匠：そうだね。この瓶内二次発酵は簡単にいってしまうと、シャンパンと同じような方法で造られているんだ。

だから、瓶内二次発酵のようなスパークリング日本酒は和製シャンパンともよばれているんだよ。

これも CHECK!

スカッと爽やか！ハーフイケメン

発泡日本酒

（炭酸ガス注入方式）

みのり：師匠！コンビニでこんなおしゃれな日本酒見つけちゃいました！

師匠：ほほう！これは、「活性にごり」とも「瓶内二次発酵」とも違う、まったく別の方法で造られた、いわば第3の「発泡日本酒」だね。

この発泡日本酒は「炭酸ガス注入方式」といって、日本酒に炭酸ガスを溶かし込んで製造するんだ。

酒類を扱うコンビニなどで安価で入手できるから、「ビール」や「酎ハイ」と同じようにカジュアルに楽しめるのが魅力だね。

みのり：爽やかな炭酸の刺激が気持ちいいです！ちょっとした家飲みで、いつもと違うお酒をチョイスして気分を変えたいときや、親しい友人同士での飲み会にいいかも！

スパークル 瑛士《えいじ》

発泡日本酒の妄想キャラ。女性に人気の爽やかイケメン。気軽に付き合える気のいいヤツ。

低《てい》アルコール酒《しゅ》

軽やかで、爽やかニューフェイス

テーアル 玲奈《れな》

低アルコール酒の妄想キャラ。吟醸お姉さんの妹分。のんびりとした性格だが、自分磨きは姉ゆずり。

みのり：わたしの友だちに、日本酒の味は好きなんだけど、アルコールに強くない人がいるんですが…。

師匠：通常の日本酒のアルコール度数が16度くらいだから、ふだんビールや酎ハイばかりを飲んでいる人は、「日本酒はアルコール度数が高くて苦手」という人が多いみたいだね。

みのり：焼酎やウィスキーのように水割りにしてみるとか？

師匠：確かに、「日本酒を水で割って飲むのが好き！」という人もいるね。

でも「原酒」や「活性にごり」のように、元々が濃くて暴れ感のあるお酒ならまだしも、日本酒本来の味を楽しむ「純米酒」や、洗練された吟醸香を楽しむ「吟醸酒」を薄めて飲むのは、やはりもったいない気もするね。

みのり：では、やっぱり、あきらめるしか…。

師匠：いやいや、あきらめるでないぞ！　みのりちゃん！

実はこんな良いお酒があるんだが、飲んでみるかい？

みのり：あれ？　このお酒って、アルコール度数が低いんですか？

わかった！　おいしいお水で割ったんでしょ？

師匠：そんなことしてないよ！　このお酒は低アルコールの原酒なんだよ。

みのり：げ、原酒なんですか!?

師匠：そうだよ、「低アルコール酒」っていうんだ。日本酒本来の味を失わず、しかも、吟醸香も楽しめるのにアルコール度数が低いんだよ。

みのり：ええっ！　だって、「低アルコール酒」って、お水で薄めてあるお酒じゃないんですか？

師匠：いや、この低アルコール酒は造り方を吟醸造りにして、発酵を抑えてアルコール度数が高くならないようにゆっくりと造っているんだ。
そのかわり、コストも手間も時間も、ものすごくかかっているお酒なんだよ。

みのり：これだったら、友だちにも、自信をもってすすめられます。

師匠：造り手の蔵元には、日本酒愛に溢れる蔵人《くらびと》が多い！
大事に造ったお酒だからこそ〝割り水なんぞして欲しくない〟という、飽くなき探究心が生んだ低アルコールの日本酒なんだよ。

師匠、これなんて読むんですか？
生酛？
なま？…いき？
これは〝きもと〟と読むんだよ。
生酛《きもと》
もく もく
昔ながらの生酛造りにこだわる生酛萬斎《きもとまんさい》くん
ピシッ
ウチは江戸時代から400年、代々伝えているのですよ！
生酛造りの何が大変か！というと櫂棒《かいぼう》で蒸した酒米をすりつぶす作業
櫂棒
酒米
ぎゅっ ぎゅっ
この作業のことを〝山卸し《やまおろし》〟といって、とにかく重労働なのだよ！
みのりちゃんもやってみるかい？
う〜ん う〜ん！
ぎゅ… ぎゅ…
ちょ、ちょっと待ったー！
!?
あ！ 生酛くんと同じ顔だぁ？

※一般の酒造りは"速醸酛(そくじょうもと)"という、既成の乳酸を添加する方法なので、生酛造りよりも速く酒母ができ上がる

生酛《きもと》

伝統を重んじる古風なヤツ

生酛《きもと》 萬斎《まんさい》

生酛の妄想キャラ。昔ながらの「生酛造り」にこだわり「山卸し」を続ける古風な男。双子の弟、山廃がいる。

みのり：「生酛造り」って、大変な酒造りなんですね。

師匠：そうだね。明治時代以前は主流の酒造方法だったけど、今では「生酛」を造っている蔵は全体の1％程度しかないんだよ！

みのり：それだけ生酛造りの〝山卸し《やまおろし》〟が重労働だったってコト？

師匠：まあ、それもあるけど、生酛造りは「自然の力を活用した、昔ながらの日本酒の造り方」なんだ。日本酒が一般に広がった、江戸時代に確立した酒造方法だから、現代のように顕微鏡もなければ微生物なんて言葉も知らない。ただただ杜氏《とうじ》

の五感のみを頼りに、それぞれの酒蔵が独自の酒造りの理論で米と麹《こうじ》を発酵させて、お酒を造っていたんだよ。

　そんな面倒な方法は誰もやりたがらないだろ？

みのり：いにしえからの酒造方法かぁ〜。素敵！

師匠：この伝統は絶やしてはいけない！　生酛は酸味のしっかりした味わいだから、燗酒などに向いていると、近年復活しつつあるお酒なんだよ！

みのりちゃんと生酛くんペアで「山卸し体験」
3分1セットでスタート！
最初は3分なんて楽勝と思ってましたが、これが結構キツい！
ぎゃっ
ハァ
まるで、ボクシングの1ラウンドを全力で戦うボクサーの気分です
ハァ
ぎゃっ
それじゃあ桶の周りをぐるぐる回るよ！
え！余裕無いんだけど…
これを5セット繰り返す
昔の人は3分を計るのに、歌を歌いながら作業したらしいです、
ぐる
では、酒歌を歌うよ♪
ぐる
ぐる

伝統を重んじる古風なヤツ2
山廃《やまはい》

山廃《やまはい》 萬斎《まんさい》
山廃の妄想キャラ。生酛萬斎の双子の弟。兄弟共に「生酛造り」にこだわるが、弟の山廃は「山卸し」はしない。

みのり：あの大変な〝山卸《やまおろ》し〟をしない「山廃」でできたお酒と「生酛《きもと》」は一緒ってことですか？

師匠：いや！ 国立醸造試験場の研究結果は、「酒母《しゅぼ》の成分」に違いないということで、あくまで酒母（→P187）のことだけなんだよ！ 生酛も山廃も、どちらも〝生酛造り〟で造られたお酒だけど、酒造りの工程が違うんだから、でき上がった日本酒の個性や味はやっぱり違うよ。

みのり：そうですよね！ だって、あんな大変な〝山卸し〟の作業をしたんだもの。

苦労が報われませんよ！

師匠：ははは！　山廃は、いわば生酛の一部簡略版。それでも、これはこれで非常に手間暇かかっている酒造方法だよ！

　濃厚な旨味とすっきりとしたキレの生酛に対して、比較的山廃は力強い味だよ。どちらも江戸時代から続く匠の技が冴える伝統の味！

みのり：歴史を感じながらいただきまーす！

森の香りがするアルピニスト
樽酒《たるざけ》

樽酒《たるざけ》 スギゾー

樽酒の妄想キャラ。江戸時代から現代へ、樽酒の歴史を語り継ぐために生まれた「杉樽」の化身。

師匠：今日でウチのお店は創立60周年なんだよ。
お祝いに鏡開きをしようかね！

みのり：鏡開きって、お正月に飾る鏡餅を割って食べるやつ？

師匠：確かにそれも鏡開きだけど、今回は違うよ。創立記念の鏡開き。ウチは酒屋だから「樽酒」で鏡開きをしようじゃないか！

みのり：「樽酒」を開けることを〝鏡開き〟っていうんですか？

師匠：そうだな。この場合〝鏡〟とは樽酒のふたの部分で、円形の杉板を縁起の良い〝鏡〟に例えたんだ。鏡は円満を意味する言葉でもあるからね。
さらに、〝板を割る〟だと言葉が悪いので〝開く〟にして、末広がりを意味したんだよ。

みのり：なるほど！　だから新築祝いや、新しい門出に「樽酒」が振る舞われるんですね。昔から特別なお酒だったんだ。

師匠：いいや。樽酒は決して特別なお酒なんかじゃなかった。むしろ、昔の日本酒はすべて樽酒だったんだよ。

みのり：えぇぇ〜！　瓶詰めの日本酒じゃないから、わざわざ特別に樽酒を造っているのかと思った！

師匠：運搬や保存に便利なので、瓶詰めの日本酒は昭和のはじめ頃から主流になったんだ。だけど、室町から江戸時代にかけては、造ったお酒は木の樽に貯蔵して出荷するのが普通だったんだよ。
まあ、前置きが長くなったけど、まずはお祝いの一杯！

みのり：うわぁ〜、木の香りがする〜！

師匠：そうだね。樽酒の樽は主に杉の木を使っているから、森の香

りがして森林浴をしているみたいだろう？
みのり：森林浴ですか！　師匠、うまい例えを言いますね。
師匠：例え話じゃないよ！　実際に杉樽に含まれる成分にはリラックス効果や、病気を防ぐ働きが認められているんだよ！
　樽酒はカラダの中から森林浴するようなものだね。

生酒《なまざけ》

今、会いに行けるアイドル酒

生酒《なまざけ》 リノ

生酒の妄想キャラ。ご当地アイドルユニットNMS《なまざけ》48のリーダー。メンバーに生貯涼子《なまちょりょうこ》、生詰美佳《なまづめみか》がいる。

みのり：師匠！　この前、旅行で行った酒蔵で「生酒」を飲んで来ました。

師匠：おおお！　それは良い体験をしたね！　旨かっただろ？

みのり：はい！　とってもおいしかった。ところで師匠、生酒ってどんなお酒？

師匠：えぇ!?　きみは生酒も知らんで飲んできたのかね？

生酒に謝りなさい！

みのり：あぁぁ、ごめんなさい！

だって、「生ビール」とか「生プリン」と同じ類いのものかと思ったんだもん！

師匠：まぁ、いいけど…。生酒とはズバリ！　火入れを1回も行っていないお酒のことだよ。
通常、日本酒は出荷までに2回火入れをするんだけど、生酒は火入れをしていないから、酵母と微生物が生きているお酒なんだ。「本生《ほんなま》」とか「生々《なまなま》」などといって、とてもデリケートなお酒なんだよ！

みのり：デリケートですか？

師匠：そうだよ。火入れをしていないということは、加熱殺菌していないんだから、火落菌《ひおちきん》（↓P190）によって、日本酒が貯蔵中に腐敗してしまうこともあるんだ。

みのり：お酒が腐ってしまう可能性があるってこと？

師匠：そのとおり。冷蔵技術が発達していなかった頃は、生酒は蔵元まで行かないと飲めなかったんだよ。

みのり：じゃあ、わたしの飲んだ生酒は、昔なら地元でしか飲めない貴重なお酒だったんですね。

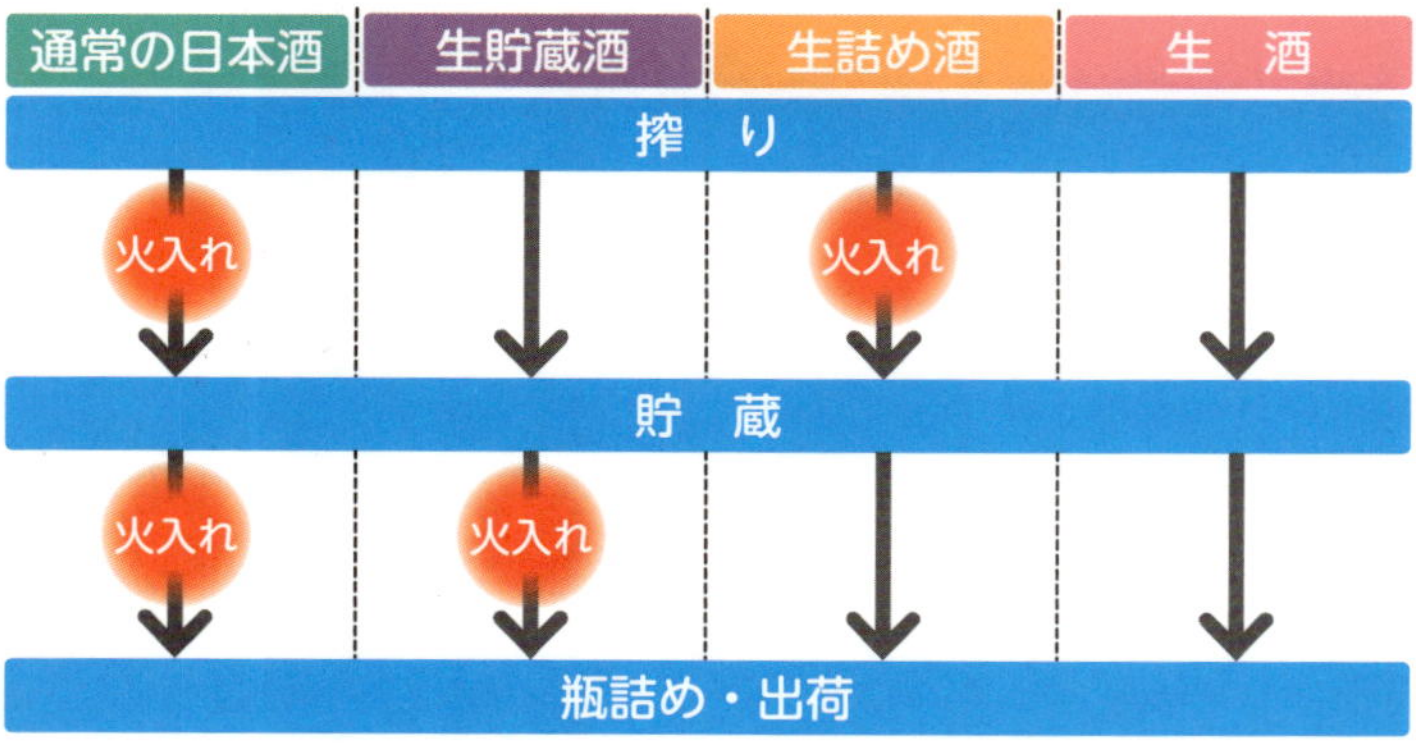

通常の日本酒
生貯蔵酒
生詰め酒
生　酒
搾　り
火入れ
火入れ
貯　蔵
火入れ
火入れ
瓶詰め・出荷

師匠：そうだね。最近では冷蔵輸送の技術が発達しているので、生酒を地元以外でも飲めるようになったのは喜ばしいことだよ。

ところで、〝生〟と名乗っているけど、火入れを1回のみしているお酒もあるよ。【生貯蔵酒《なまちょぞうしゅ》】は生のまま冷蔵貯蔵しておいて、出荷の瓶詰め直前に1回火入れする。【生詰《なまつめ》め酒】は酒蔵タンクに貯蔵される直前に1回火入れをして、出荷前の瓶詰め直前には火入れしない。「冷やおろし」もほとんどが生詰め酒だよ。

貴醸酒《きじょうしゅ》

私、安い女じゃないわよ！

貴醸《きじょう》たかこ

貴醸酒の妄想キャラ。銀座の高級クラブ「貴醸」のママ。セレブ御用達のパーティーを主催することもある。

師匠：さて、みのりちゃん、今回は嗜好を変えてデザートを食べようか？

みのり：わー、アイスクリームだ！ わたし大好きなんです！

師匠：しかも、ただのアイスクリームじゃないよ！

ここに、とろ～りと、お酒を垂らしてみようかね。

みのり：いやーん！ なんだかぜいたくなアイスクリームになっちゃいますよ！

少量なのに日本酒の香りが漂って、甘さも上品な甘さへと変化してます。

なんだか 高級レストランで出される大人のアイスクリームみたい！

師匠：ほほう！ ずいぶんと好評のようだね。
このお酒は「貴醸酒」といって、特別な製法で造られたプレミアムな日本酒なんだよ！

みのり：えっ！ 高級な日本酒ってこと？

師匠：まあ、そうだね。元々は日本に訪れる国賓をもてなすために造られた日本酒といわれているんだよ。
1970年代当時の日本では、国賓をもてなす晩餐会の席では主にワインやシャンパンが出されていたらしい。

みのり：え〜っ！ せっかく日本に来ているのに、日本酒を飲まないともったいないじゃないですか？

師匠：うん、だからこそ、海外のお酒に負けない高級な日本酒として貴醸酒を造る必要があったんだ。
貴醸酒は酒造りの三段仕込み（↓P186）の最終工程で水の代わりに日本酒を使って仕込むぜいたくなお酒なんだよ！

みのり：へぇ〜！ では元々はセレブパーティー用のお酒だった？

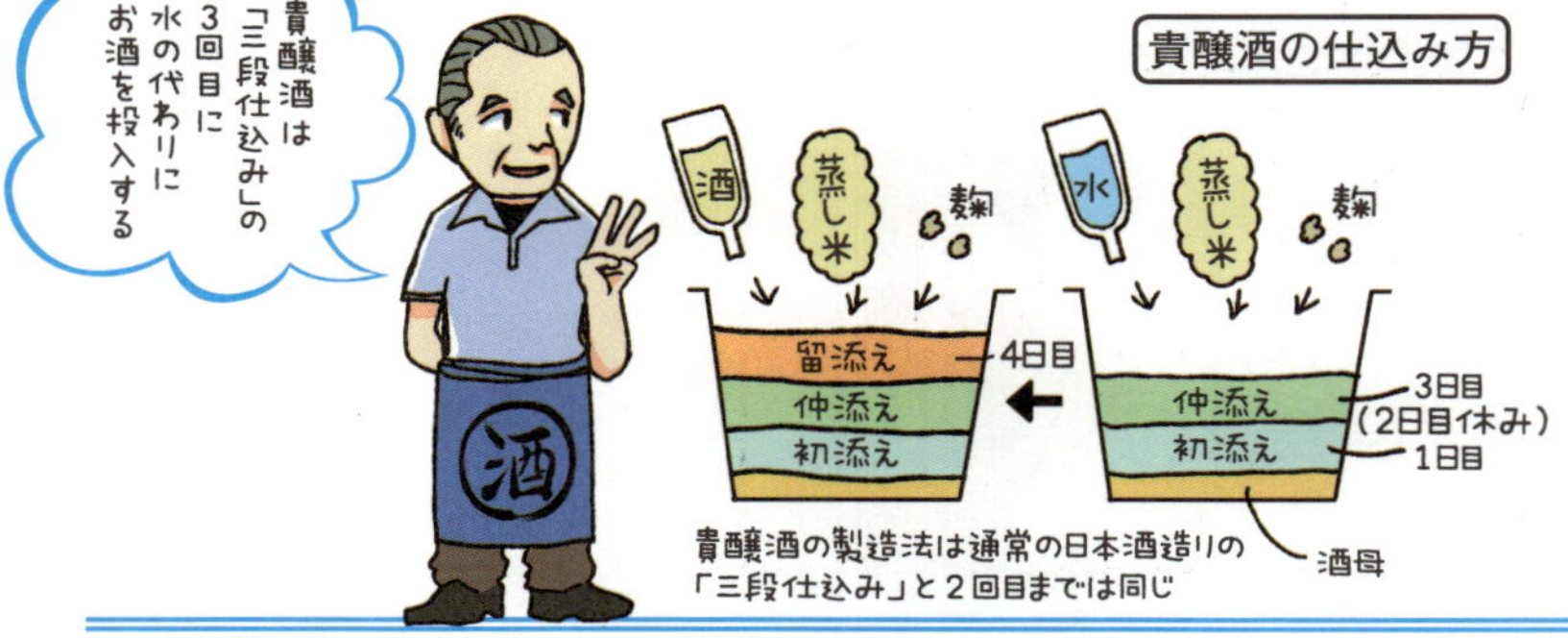
貴醸酒は「三段仕込み」の3回目に水の代わりにお酒を投入する
貴醸酒の仕込み方
酒
蒸し米
麹
水
蒸し米
麹
留添え
4日目
仲添え
初添え
仲添え
初添え
3日目
（2日目休み）
1日目
酒母
貴醸酒の製造法は通常の日本酒造りの「三段仕込み」と2回目までは同じ

師匠：そうだね。貴醸酒は独特のとろみと甘味があるから、最近では食後酒やデザート酒として用いられることが多いかな？

みのり：確かに！ さっきのアイスクリームは貴醸酒のおかげで、ワンランク上のおいしさになりましたもんね！

師匠：では、おかわりはいかがかな？

みのり：はい！ じゃ、アイスクリーム抜き！ 貴醸酒ダブルで！

水酛《みずもと》

室町時代にルーツをもつイケメン僧侶

水酛《みずもと》　酔拳《すいけん》

水酛の妄想キャラ。室町時代から続く、伝統ある寺の住職。クンフー酔拳の達人でもある。

みのり：師匠！　日本で一番古い日本酒って、何なんですか？

師匠：なんだい？　突然難しい質問だね！

みのり：いや、生酛造りが江戸時代に確立した酒造方法だって聞いて、それ以前の酒造方法ってあるのかなぁ？　って、興味が湧いちゃったんです。

師匠：そうかい、何でも興味をもつことは理解への第一歩だ！

諸説あるけど、「水酛《みずもと》」という酒造方法が最も古いんじゃないかな。

その名に〝水〟と付くように水酛は酒米を直接水に漬けて、乳酸発酵させる酒造方法なんだ。
　しかも、通常は冬の寒い時期に行われる酒造りだけど、水酛は気温の高い季節や温暖な地域で、比較的安全に酒造りができる酒造方法だから広く普及していったんだよ。

みのり：その水酛が日本で最も古い酒造方法なんですね？

師匠：実は水酛にはルーツがあって、奈良の「菩提酛《ぼだいもと》」がそのはじまりとされているんだ。

みのり：菩提酛はどれくらい古い歴史があるんですか？

師匠：遡ること室町時代、奈良の正暦寺《しょうりゃくじ》で造られた〝菩提泉《ぼだいせん》〟が日本最初の清酒といわれているんだ。

みのり：室町時代！　それは古い！

師匠：正暦寺には「日本清酒発祥之地」の碑が立っているからね。

みのり：え！　お寺で日本酒が造られていたんですか？

師匠：そうなんだよ！　驚きだろ？

みのり：最古の日本酒って、どんな味がするんだろ？

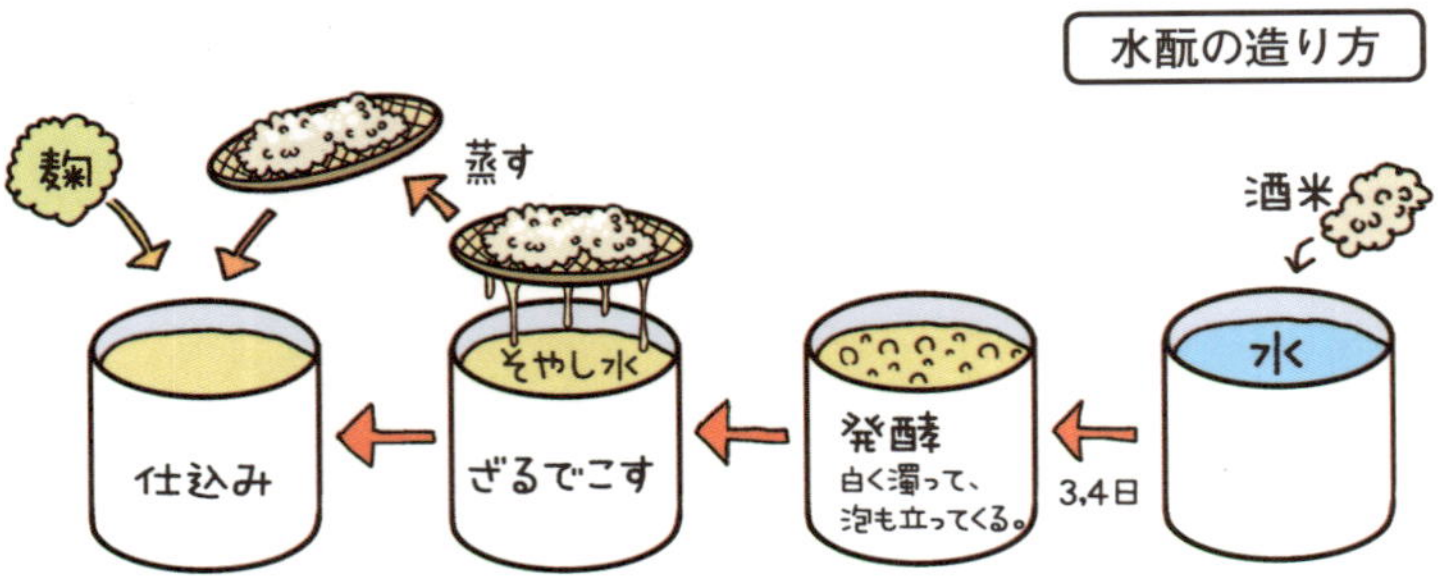

師匠：この水酛はみのりちゃんにはまだ早いかもしれないよ？

みのり：師匠！ そんなこと言われると、余計飲んでみたくなるのが人の性《さが》ってもんですよ！

師匠：なんだか言い回しが、おっさん臭くなってきたな、みのりちゃん…。

もしかしてだけど…、自家醸造禁止！

どぶろく

田舎《たなか》どぶろく
どぶろくの妄想キャラ。米作農家で自家製の旨いどぶろくを造る名人。祭り好きで、踊りの名手でもある。

みのり：師匠！ わたし、お酒を造ってみたいです！

師匠：ダメだよ！ 自家醸造酒は明治32年（1899）に国の政策によって完全禁止されているんだから！

みのり：えぇ〜！ だって、このまえ民宿に泊まったとき飲んだ「どぶろく」の味が、すごくおいしくて忘れられないんです！ 自家製って言ってましたよ！

師匠：いや、どこに旅行に行ったか知らないけど、おそらくその場所は「どぶろく特区」だったんだね！

みのり：どぶろく特区？

師匠：どぶろくを地域の特産品として、「特定の場所でのみの飲用」という条件付きで醸造を許可された地域があるんだよ。

みのり：じゃあ、どぶろく特区以外の地域では、どぶろくを造ったら犯罪なんですか？

師匠：そうだね！　どぶろく特区以外でどぶろくの醸造が許可されているのは、岐阜県の白川八幡神社や島根県の佐香《さか》神社など、どぶろくを用いた伝統的な神事を行う神社に限られているんだよ。

みのり：へぇ～！　「どぶろく祭り」みたいなのかな？

師匠：そうだね、どぶろくはお神酒《みき》として神様へお供えしたり、みんなに振る舞われたりするんだよ。

みのり：やっぱり、みんなで飲むんだ！

師匠：日本独自の食文化のひとつだよ。農作業の合間に飲む栄養ドリンクとして普及していったみたいだね。

どぶろくはアルコール入りの甘酒みたいなものだろ？　甘酒は栄養価が高く、

最近では〝飲む点滴〟なんていわれて重宝されているしね。

みのり：醪《もろみ》もたっぷり入っていましたから、元気が出ますね！　ドリンクっていうよりもお粥みたいでしたけど…。

師匠：そうだね。よく「にごり酒」と混同されるけど、「どぶろく」は醸造していても醪をこしていないので、厳密には清酒の仲間ではないんだよ。

酒造好適米《しゅぞうこうてきまい》

お酒になるためだけに作られるお米

酒米のはなし

酒米とは、日本酒を醸造する原料として使われるお米のこと。
特に酒造りに適しているお米は「酒造好適米」とよばれています。
酒造好適米は一般的に食事で食べるお米とは違い、
粒が大きくて中心に心白《しんぱく》というデンプン質があり、
心白が大きければ大きいほど質の良いお酒ができます。
それでは、主な酒造好適米をチェックしてみましょう！

今日は福島県にある酒蔵
仁井田本家《にいだほんけ》さんへ酒米の
収穫体験に来ています
金寶
酒
仁井田本家さんは無農薬・無肥料の自然栽培にこだわって自社田で酒米を栽培しています
No
うわぁーー！
田んぼが黄金色に輝いてる
いくつか栽培している酒米のひとつに亀の尾という品種があります
亀の尾
一般のお米
亀の尾はモミに長いひげが生えているのが特徴です
亀の尾は一部の農家さんで〝わら細工〟の材料として育てられていたお米だったんだ
仁井田社長
福島県で古くからある貴重な品種なので、種モミを分けていただき酒米として栽培を始めたんだよ

自然栽培だと、どんなところが大変なのですか?
まず、自然栽培では草との戦いと共存が大変なんだ
草? 草って雑草のこと?
あはは、
草には取り除く雑草もあるけど、肥料として共存する草もあるので、"雑草"とよびたくないんだ
草取りも人力だよ。ピアノ線にひっかけて抜く、中野式除草機を取り入れているのだけど
ピアノ線
中野式除草機
これまた地味で、大変な作業でね腰にくるんだよ~
草取りも大変ですね
そうだね。しかも自然栽培ではモミの数が少ないので
収穫量
収穫量が通常の栽培法に比べて半分以下になってしまうんだ
それでも、酒米の自然栽培にこだわるのは、生命力あふれるおいしいお酒を造ることと
少しでも多く元気な田んぼを増やして、次世代に残したいからなんだよ

それでは、酒米の収穫を始めまーす！
はーーーい
うわー すごい人数！
稲刈りは人気のイベントだから、すぐに満員になっちゃうんだよ
間違って隣の人の足を刈らないでね
刈り取られた稲を束ねていきます
手慣れていて上手ですね
いつの間にか夢中になって楽しくなってきた

お昼休憩
このおにぎりおいしー!
酒米と一緒に食米のコシヒカリもうちで栽培しているんだよ~
具だくさんのお味噌汁やお漬け物もおいしー!
全部手づくりの自家製だよ~!
午後の部
くぅ~! お昼ご飯食べ過ぎてカラダが重い!
働けば痩せるよ
作業も終盤。"はせがけ"という、稲穂を干す作業です
いよ! はせがけ美人!
お疲れさま~
やっと、これで全部の酒米収穫が終わったー

山田錦《やまだにしき》

日本酒党なら当然ですが、日本酒に詳しくない人でもこの名前は聞いたことがあるのではないでしょうか。知らなくても、日本酒の売り場に行ったことがあれば、数多くのラベルに書かれたいくつもの「山田錦」の文字を見ているはず。すなわちそれは、多くの日本酒の原料として使用されている、とても優れたお米であることを意味しているのです。

事実、山田錦を使ったお酒は、数ある日本酒の品評会やコンテストの中でも最高峰といわれる全国新酒鑑評会で、毎年圧倒的な強さを見せています。

では、山田錦の何が他の酒米と違うのでしょうか。それは、一般の米と比べて日本酒の旨味を生み出す心白《しんぱく》の部分が大きいことと、雑味の要因であるタンパク質が少ないこと。この特性を生かして造られる日本酒は、香りがよくてコクがあり、しかも雑味が少ないという、全世代に愛される王道の旨さなのです。

酒米のチャンピオン……。それが山田錦の正体なのでした。

【主な生産地】 ●兵庫県

山田錦の日本酒

飛露喜 純米大吟醸

☞ P202

雄《お》町《まち》

いまや酒米のチャンピオンといわれている山田錦。この山田錦が登場するまで、「品評会で上位入賞するには雄町米でなければ不可能」とまでいわれたのが、この酒米です。雄町米で造られたお酒は、ふくよかな旨味と深いコク、絶妙な甘味と酸味のバランスが特徴です。一時は生産するのが難しく「幻の酒米」とよばれるまで生産量が激減しましたが、現在は復活。主な生産地は岡山県で、全生産量の約95％が岡山県で作られています。

そんな雄町は、現存する酒米では日本最古の純血種で、発見されたのは江戸末期の安政6年(1859)。その後、いろいろな交配や改良を加えられ、数多くの酒米を生み出しました。山田錦をはじめとする酒造好適米の約60％以上が、雄町のDNAを受け継いでいるといわれていることからも、いかに日本酒造りに適したお米なのかがわかるでしょう。

雄町は「現存する日本酒の母」といっても、決して過言ではないのです。

【主な生産地】 ●岡山県

雄町の日本酒

醸し人九平次
純米大吟醸 雄町
☞ **P202**

美山錦《みやまにしき》

なんとも美しい響きをもつこの酒米は、突然変異によって誕生した比較的新しい品種です。北アルプスの山を染める雪のような心白があることから名付けられました。寒さに強い品種で、寒冷地でも栽培ができるため、長野や秋田、山形など、主に寒い地域で生産されています。

山田錦にはかなわないものの、他と比べると十分に大きい、酒造りに適した心白をもつため、現在では全国第3位の生産量を誇る酒米にまで成長。特に東北地方の銘酒の中には、美山錦を使っているものが数多くあります。

美山錦の特徴は、米質が硬く醸造のときに溶けにくいということ。溶けにくいということは、言い換えれば雑味が出にくいということになります。そのため造られるお酒は、きれいですっきりとした、山の頂に積もった雪をイメージさせる淡麗な味わいに。

なるほど、名は体を表すということですね。

【主な生産地】 ●長野県

美山錦の日本酒

山和 純米吟醸

☞ P203

五百万石《ごひゃくまんごく》

現在、酒造好適米の西の横綱と言えば兵庫の山田錦ですが、相対する東の横綱といえるのが新潟の五百万石です。

全国の酒米作付面積でも山田錦とトップ争いを繰り広げるほど、現在の日本酒造りには欠かせない代表的な酒米の一種ですが、実はこの五百万石、新潟県が独自に開発したもの。新潟県の気候や風土に合うように改良されていることから、主な産地は、新潟県をはじめ、北陸地方がメインとなっています。

五百万石で造られたお酒は、淡麗ですっきりとした軽快な味わいのものが多く、辛口に仕上げてもやさしい口当たりになるのが特徴です。

五百万石という名称は昭和32年（1957）、新潟県の米の生産量が五百万石を突破したことを記念して付けられました。ちなみに、「石《こく》」は、成人一人が1年間に食べるお米の量の単位のことで、だいたい米俵2・5俵。これを重量に換算すると一石は約150kg。五百万石は約7億5000万kgになります。

【主な生産地】 ●新潟県

五百万石の日本酒

榮万寿 SAKAEMASU 純米酒 2016 群馬県東毛地区

☞ P203

愛山《あいやま》

昭和24年（1949）に生まれた愛山は、「愛船117」と山田錦と雄町の交配種の「山尾67」を親にもち、両親から1文字ずつとって「愛山」と名付けられました。

愛山は心白が大きいので、しっかりとしたお米の甘味や旨味、深いコクが感じられる良質のお酒になります。しかし精米をし過ぎると、心白が溶け出して雑味が強くなってしまうという難しさもあります。

また、酒米のチャンピオンである山田錦よりも栽培が難しいため、わざわざ手を出す酒蔵や農家はありませんでした。ただ1社、兵庫の「剣菱酒造」のみが、ひっそりと「愛山」を継続していました。

しかし、平成7年の阪神・淡路大震災で剣菱が被災し、その年の酒造りを断念。愛山の栽培も苦しくなる中、「優れた酒米を絶やしてはいけない」と、他の酒蔵も愛山を使うようになり、現在ではお酒の種類も徐々に増えてきています。

とはいえ、収穫量が少ない希少品種であることは間違いありません。

【主な生産地】 ●兵庫県

愛山の日本酒

七田 純米七割五分磨き 愛山 ひやおろし

☞ P204

八反錦《はったんにしき》

広島県の酒米のルーツといわれる「八反」の流れを受け継ぐ、広島県のオリジナル酒造好適米のひとつ。大粒で心白が大きいにも関わらず、精米をしても溶けにくいという特性があります。溶けにくいということは雑味が少なく仕上がるので、その味わいは香り高く、淡麗でありながらも深いコクがあります。

実はこの八反錦の正式名称は「八反錦1号」。1号とくれば、「八反錦2号」もあるのか？といわれそうですが、はい、その通り、存在します。1号と2号の差は、どちらの稲が倒れにくいかということ。2号のほうが1号よりも倒れにくいため、風が強い標高４００ｍの高地での栽培も可能なのです。

八反錦という名前は、「秋の田園を色鮮やかな豊穣で飾りたい」という作り手の思いを表したものだとか。

ちなみに、「八反」は絹織物の一種で、「錦」は色糸を縦横に織り込んで模様を描いた絹織物のことです。

【主な生産地】●広島県

八反錦の日本酒

宝剣 純米吟醸
八反錦
☞ P204

越淡麗《こしたんれい》

西の横綱・山田錦を母、東の横綱・五百万石を父にもつ酒米界のサラブレッド、それがこの越淡麗です。「新潟での栽培に適していて、山田錦を超える米質」を目指して、新潟県が15年もの研究の末、平成16年に開発しました。そして平成19年には、お酒としての市場デビューも果たしています。

かつては米どころ・新潟の酒蔵でも、大吟醸酒造りでは他県から山田錦を取り寄せていました（山田錦は寒い地方での栽培に向いていないため）。しかし越淡麗の登場により、水もお米もすべてが新潟産の大吟醸が生まれることになったのです。

豊かな香りの吟醸酒を生み出す山田錦、雑味が少ない淡麗な味わいを生み出す五百万石の、それぞれのよい所を併せもつ越淡麗。この酒造好適米で醸造された大吟醸酒は、「柔らかいふくらみがある」「香りは芳醇、味わいは濃厚」「後味にキレがある」など、鑑評会で高い評価を獲得。新しい品種でありながら、すでに多くの賞を受賞しています。

【主な生産地】 ●新潟県

越淡麗の日本酒

根知男山
純米吟醸 越淡麗 2015
☞ P205

若水《わかみず》

若水は昭和47年（1972）、「愛知のお米と、愛知の酵母で、愛知のお酒を造り、まずは地元の人々に愛飲していただこう」というコンセプトで誕生した酒米です。昭和60年（1985）には、コンセプトの実現に向けて大きな前進がありました。それは、愛知原産の酒米として初めて酒造好適米に認定されたのです。これにより若水は、良質のお酒を造る原料として、多くの人に認められるようになりました。

若水の特徴は、ちょっと小粒でありながらも心白が大きいこと。しかし、精米中に割れやすいので、雑味を嫌う吟醸酒にはやや不向き。主に生酛《きもと》や山廃《やまはい》、純米酒で使用され、米の旨味と甘味を凝縮させた深い味わいが人気を集めています。

実は若水には、もうひとつの種類があります。それは、平成3年に関東地方で初めて酒造好適米に認定された、群馬県産の「若水」。愛知で生まれて群馬で育ったこちらの若水は「群馬若水」などとよばれ、愛知県産よりもサイズが大きく精米時に割れにくいので吟醸酒にも適しています。

【主な生産地】 ●愛知県

若水の日本酒

白老 若水 槽場直汲み 特別純米生原酒

☞ P205

亀《かめ》の尾《お》

「コシヒカリ」、「ササニシキ」、「あきたこまち」に「ひとめぼれ」……。ブランド化しているこれらの食用米のルーツは、実はすべてこの亀の尾です。

粒が大きい亀の尾は、50％以上を精米して造る吟醸酒や大吟醸酒にぴったり。芳醇なコクがある味わいで、現在では高級日本酒の原料として、山田錦にも引けをとらない品種とまでいわれるほどですが、その歴史はなかなかドラマティック。

明治26年（1893）に山形県で発見された亀の尾。「不世出の名品種」として大正から昭和初期には、酒米だけでなく、家庭で食べるご飯や寿司飯としても大人気でした。

しかし、害虫に弱いという欠点や、その後の品種改良で生まれたコシヒカリやササニシキに主役の座を追われたことで、1970年代には栽培もされなくなります。そんな幻の酒米となった亀の尾は、ある酒造の不断の努力により昭和58年（1983）に不死鳥のごとく見事に復活したのでした。

【主な生産地】 ●山形県

亀の尾の日本酒

田村 生酛純米

☞ P206

※「亀の尾」は酒米としては使用されていますが、2017年現在、酒造好適米の認可はおりていません

STEP 3

日本酒を選ぶ、飲む、ペアリングする

日本酒 4タイプの方向性とは?

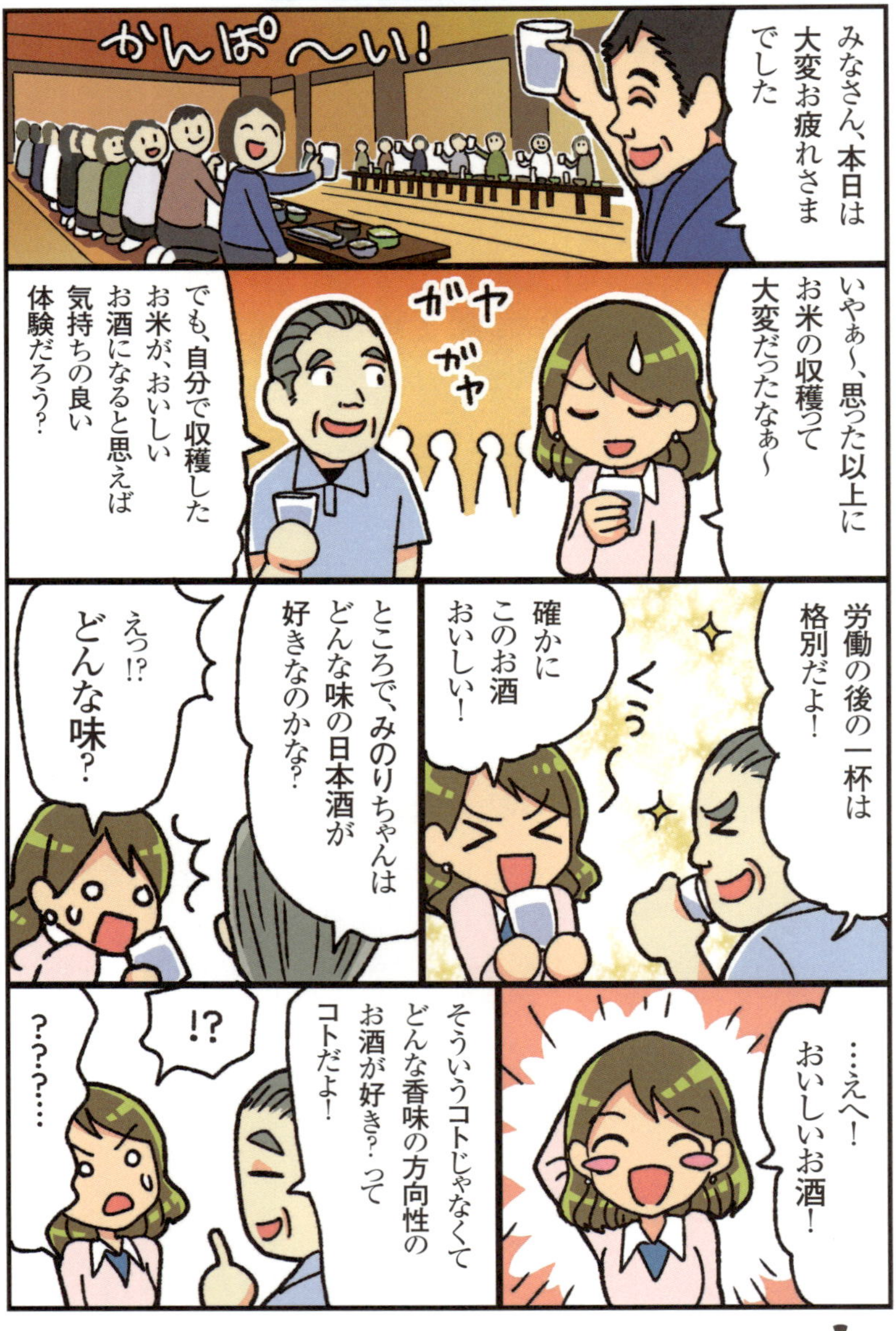

じゃあ！師匠はどんなお酒を飲んでいるのですか？
純米酒の生酛造りだよ
そういえば、師匠は純米酒の生酛《きもと》をよく飲んでますね？
醇酒
うん！醇酒《じゅんしゅ》が好きなんだよ！
じゅんしゅ？
みなさんにも聞いてごらん
わたしは薫酒《くんしゅ》かな？
華やかな香りがたまらないわぁ～
ボクは爽酒《そうしゅ》かな？
夏の暑い日に冷酒で飲むと最高だよ！
わたしは醇酒《じゅんしゅ》！
食事に合わせるなら、やっぱ醇酒でしょ！
ボクは熟酒《じゅくしゅ》かな？
濃厚な肴に合わせるなら、絶対熟酒だよ！
そうしゅ？くんしゅ？じゅんしゅ？じゅくしゅ！
？？？…
では、わかりやすくするために次のページを見てみようか！

4タイプの方向性

4タイプの
方向性に
分けると
わかりやすいよ
酒

※イラストの食品は
各タイプの香味に例
えられるものです
香りが高い
香りが低い
味が濃い
スパイス
土・粘土
干しシイタケ
熟成
タイプ
熟《じゅく》酒《しゅ》
コーヒー
チーズ
ハチミツ
マッシュルーム
コクのある
タイプ
醇《じゅん》酒《しゅ》
ゴボウ
バター
ナッツ
餅
米
Yogurt
ヨーグルト

日本酒の香味を分ける

出典:日本酒サービス研究会・酒匠研究会連合会（SSI）

この4タイプの分類は、いままでわかりづらかった日本酒の香味の特徴を
薫酒
爽酒
醇酒
熟酒
わかりやすく表現したものなんだよ
そうですね。日本酒初心者のわたしに〝生酛《きもと》はどんな味〟って聞かれても説明に困ります
熟酒
薫酒
醇酒
爽酒
生酛にもいろいろなタイプがあるけどねこの4タイプの分類に当てはめれば
例えば、この〝生酛〟は「醇酒で、蒸したお米のような味がします」と、説明ができるんだよ
醇酒
わかりやす〜い
なるほど、お酒の風味をお花やフルーツ、コーヒーなどに例えているのですね
さらに香りと味の濃淡で大きく4つに分けているんだよ
これは、日本酒のソムリエ「唎酒師《ききざけし》」が実際に活用しているノウハウなんだ
へぇ〜!

香りの高いタイプのお酒は薫酒といって、主に純米大吟醸酒、大吟醸酒、純米吟醸酒、吟醸酒などがそうだよ
軽快でなめらかなタイプのお酒は爽酒といって、主に生酒、生貯蔵酒、生詰酒、低アルコール酒などがそうだよ
コクのあるタイプのお酒は醇酒といって、主に純米酒、本醸造酒だよ。特に生酛、山廃が典型的だね
熟成タイプのお酒は熟酒といって、主に古酒、長期熟成酒だね
さて、みのりちゃんの好みのお酒のタイプは見つかったかな？
いや〜ん！どのお酒も魅力的過ぎて、ますます迷っちゃいますよー
では、次のページでみのりちゃん好みのお酒を探ってみようかね？

あなたはどのタイプが好き？

YES・NO診断

どんなタイプの日本酒が好きか、わかんないや。
だって初心者だもん！
というあなたは、こちらのチャートでお好み診断しちゃいましょ!!

香り高いタイプ（薫酒）
◀P126へ
軽快でなめらかなタイプ（爽酒）
◀P128へ
コクのあるタイプ（醇酒）
◀P130へ
熟成タイプ（熟酒）
◀P132へ
白ワインの香りが好き
クセのある味も悪くない
伝統ってカッコいいと思う
居酒屋ではまず刺身盛りを注文する
ビールの喉越しがたまらない！
お酢を使った料理はおいしいよね？
エスニック料理が好き！
白米はどんな料理にも欠かせない！
炊きたてご飯の香りが大好き！
牛乳よりもヨーグルトでしょ！
最近、ウイスキーが旨いと思う
こってりした料理は苦手
ドリンクは冬でも冷やして飲みたい
グラスよりお猪口のほうが渋くてイイ！
Yes
No

香りの高いタイプ（薫酒《くんしゅ》）

華やかな香りとフルーティーなテイストで、日本酒の楽しみ方をグローバル化!

昨今の日本酒の楽しみ方は、「お猪口《ちょこ》に注いで塩辛で一献」なんて定番だけにとどまっていません。「フレンチやイタリアンをつまみながらワイングラスで乾杯!」なんてグローバルな楽しみ方も、もはや珍しくないのです。

そんな日本酒のグローバル化を大きく進めたのが、実は薫酒なのです。

薫酒とは、果実や花を思わせるような華やかな香りと軽快で爽やかなテイストの日本酒のことで、主に大吟醸酒や

吟醸酒などの吟醸造りをしたお酒がこのタイプに分類されています。その香りはマスクメロン、洋梨、リンゴ、桃、ユリ、キンモクセイなどに例えられるほどで、まさに「香りの宝石箱や〜！」なのです。

そんな薫酒が一躍脚光を浴びたのが、90年代に起こった〝吟醸酒ブーム〟です。「なんだ!? このフルーティーな味わいは！」「うわっ！ これホントに日本酒なの!?」なんてことをいいながら、改めて薫酒の魅力に気づいた人たちが、こぞって日本酒の世界へと飛び込んできたのです。

その後、白ワインやシャンパンのようなテイストの薫酒も登場し、薫酒人気は不動のものになりました。そして、当然のことながらその人気は海外へも波及。

ワインテイストの薫酒は日本酒を飲みなれない外国人にも飲みやすく、グローバルに愛される日本酒といっても過言ではないのです。

軽快でなめらかなタイプ(爽酒《そうしゅ》)

和食だけでなく洋食とも相性バッチリ!
日本酒界のオールラウンドプレイヤー!!

大吟醸酒や吟醸酒といった種類があるように、同じ銘柄でも精米歩合や熟成度合いの違いで、味や香りが違ってきます。それらをひとつひとつ数えていくと、日本酒はなんと5万種近くの味わいがあるといわれているのです。

その5万ともいわれる種類の中で、最も多いタイプがこの爽酒。日本酒独特のクセが少ないので、口当たりのやさしいすっきりとした飲み口が特徴です。

実は1980年代にブームを起こした端麗辛口の日本

淡麗辛口
爽酒は日本酒版のスーパードライだよ
すっきり!爽快!

酒の多くがこの爽酒に分類されています。その香りはカボスやスダチ、笹の葉、青竹など、いかにも爽やかそうなものに例えられていますね。

　和食はもちろんイタリアンや中華など、幅広い料理に合うのも、見逃せない爽酒の大きな魅力。なかでも素材の味を活かした淡白な料理との相性はバツグンです。さまざまな食事シーンを彩ることができる爽酒を野球に例えるなら、打っても守っても一流の、オールラウンドプレイヤーといったところでしょう。

　おすすめの飲み方は、もちろん冷酒！

「酸味や苦み成分が少ない」という特徴があるため、キンキンに冷やしても苦味が突出することがありません。ですから特に夏場に冷やして飲むと、この上ない爽快感があなたの喉を潤してくれるはずです。

わたしたち、オールラウンドプレイヤー！

コクのあるタイプ（醇酒《じゅんしゅ》）

**お米がもつ力強い味わいを楽しむ
これぞ日本酒の原点！**

「醇《じゅん》」という漢字を辞書などで調べると、その意味は「まじりけがない濃厚な酒」「まじりけがなく純粋なさま」と書かれています。

もう、おわかりですね。そう、醇酒とはお米の旨味や甘味、香りなどをしっかりと引き出したタイプの日本酒のこと。お米だけで造られた純米酒や、「生酛《きもと》」や「山廃《やまはい》」といった昔ながらの製法で造られたものも、醇酒に分類されています。

ボクたち生粋の
日本酒男児！

フルーツや花に例えられる薫酒のような華やかな香りは感じませんが、炊きたてのご飯やバターなどを思わせるやさしい香りが特徴的です。味わいはなかなかの力強さがあり、甘味、酸味、旨味、苦味が絶妙のハーモニーを醸し出しています。また、口の中に余韻が広がるまろやかな口当たりも魅力のひとつ。一般的に「コク」や「旨味」という表現がされる醇酒のテイストですが、きっと一口飲めば「なるほど」と納得することでしょう。

食事シーンで相性が良いのは、醇酒のコクと旨味に負けない料理です。意外に思われがちな、チーズやバターなどの乳製品との相性も良いので、一度試してみてはいかがでしょうか。

また、4タイプの中で一番お燗がおすすめなのがズバリ、「醇酒」。お燗をすることで醇酒の甘味・旨味がより広がり、心もからだも温めてくれること、間違いなし！

醇酒系の日本酒は燗酒がうまいんだよ
温めると旨味が膨らみますね

熟成タイプ(熟酒《じゅくしゅ》)

濃厚で複雑な力強いテイストは
飲む人を選ぶ、いぶし銀の大ベテラン

熟酒とは、文字通りのしっかりと熟成されたタイプの日本酒のこと。3~10年という長い年月をかけて熟成された長期熟成酒などが、このタイプに分類されます。

爽酒が若手バリバリの万能選手なら、熟酒はいぶし銀のように味わい深い大ベテラン、といったところでしょうか。

非常にクセの強いお酒が多いのが、このタイプの特徴です。一般的に日本酒といえば無色透明をイメージしますが、熟酒の色合いはビールのような黄金色からウイスキー

のような琥珀色までと、かなり濃厚。その香りもドライフルーツやハチミツ、キノコ、ナッツ、スパイスなど、とても重厚で複雑なテイストに例えられます。

ややとろみのある飲み口で、その味わいは、甘味だけでなく酸味や旨味も含んだ、とても個性的で力強いものです。そのため、淡白な料理では素材の味を消してしまいがち。食事シーンでは、熟酒に負けない濃厚な味の料理を選ぶと良いでしょう。

誰もが気軽に楽しむお酒というよりは、日本酒通がじっくりと味わうお酒、といったイメージがぴったりの熟酒。希少価値の高いお酒なので、正直お値段は高め。ですので、初心者の段階でチャレンジするよりも日本酒の味の違いがわかるようになってからのほうが、熟酒の本当の味わいを楽しめるでしょう。

旨さを引き出す日本酒の温度帯！

原材料の違いによる「吟醸酒」や「純米酒」、出荷時期の違いによる「新酒」や「古酒」、製造方法の違いによる「生酛《きもと》」や「水酛《みずもと》」など、日本酒には、見る角度によってさまざまなよび方があります。ですから、純米で古酒で生酛なんてお酒も存在します。そしてもうひとつ、飲むときの温度の違いによってキンキンに冷やした冷酒は「雪冷え」、アツアツの燗酒は「飛び切り燗」といった、風情のある呼び方もあるのです。

それでは「薫酒《くんしゅ》」「爽酒《そうしゅ》」「醇酒《じゅんしゅ》」「熟酒《じゅくしゅ》」のそれぞれの飲み頃の温度をみてみましょう。

●温度帯で変わる日本酒のよび方

冷や			常温	燗					
5℃	10℃	15℃	20～25℃	30℃	35℃	40℃	45℃	50℃	55～60℃
雪《ゆき》冷《び》え（冷酒）	花《はな》冷《び》え	涼《りょう》冷《び》え	常温	日《ひ》向《なた》燗《かん》	人《ひと》肌《はだ》燗《かん》	ぬる燗《かん》	上《じょう》燗《かん》	熱《あつ》燗《かん》	飛《と》び切《き》り燗《かん》

花冷えの温度でフルーティーな薫酒《くんしゅ》

薫酒の特徴といえば、もちろん華やかな香りとフルーティーなテイスト。ということは、冷やすことによって爽快さが一層際立つのです。

しかし、あまり冷やし過ぎるとフルーティーさが弱くなってしまいますし、刺激的な酸味や苦み、渋みが強くなってしまうこともあるので、ご注意を。

薫酒をおいしく楽しむなら10℃前後に冷やして飲む「花冷え」がおすすめ。冷た過ぎるのが苦手という方は、15℃前後で味わう「涼冷え」でお楽しみください。

●薫酒のおいしい温度：
10～15℃前後（花冷え～涼冷え）

温度帯		オススメ度
雪冷え	5℃前後	★★☆☆☆
花冷え	10℃前後	★★★★★
涼冷え	15℃前後	★★★★☆
常温	20~25℃前後	★★☆☆☆
人肌燗	35℃前後	★☆☆☆☆
ぬる燗	40℃前後	★☆☆☆☆
上　燗	45℃前後	☆☆☆☆☆
熱　燗	50℃前後	☆☆☆☆☆

雪冷えでスッキリな爽酒《そうしゅ》

口当たりのやさしいすっきりとした飲み口が特徴の爽酒は、しっかりと冷やした「雪冷え」や「花冷え」にすると、さらに爽快さが増してきます。適温は5～10℃と、4タイプの中では最も冷たい温度帯ですので、あっつ～い夏にはぴったり。

と、思いきや、種類の多い爽酒の中には45～50℃の「上燗」や「熱燗」に向いているものも少なくありません。寒い冬の日にすっきりとしたドライな熱燗を！　なんてことも可能なのです。さすがは日本酒界のオールラウンドプレイヤーですね。

●爽酒のおいしい温度：
5～10℃／45～50℃
（雪冷え～花冷え／上燗～熱燗）

温度帯		オススメ度
雪冷え	5℃前後	★★★★★
花冷え	10℃前後	★★★★☆
涼冷え	15℃前後	★★★☆☆
常温	20~25℃前後	★☆☆☆☆
人肌燗	35℃前後	★☆☆☆☆
ぬる燗	40℃前後	★☆☆☆☆
上　燗	45℃前後	★★★☆☆
熱　燗	50℃前後	★★★☆☆

常温でもお燗でも楽しめる醇酒《じゅんしゅ》

「ぷはぁ〜」と、おいしいひと息が漏れる温度帯を幅広く持っているのが「醇酒」。持ち味のコクと旨味を楽しむポイントは、冷やし過ぎないこと。おすすめの適温は何度かといえば、「涼冷え」や「常温」に近い15〜20℃です。

醇酒のもうひとつの味わいである、お米の旨味や甘味を楽しみたいのなら、「ぬる燗」や「熱燗」の40〜50℃に温めることをおすすめします。温めることで酸味や苦味や雑味が抑えられ、常温では感じなかったふくよかさが、口の中に広がるはずです。

●醇酒のおいしい温度：
15〜20℃／40〜50℃
（涼冷え〜常温／ぬる燗〜熱燗）

温度帯		オススメ度
雪冷え	5℃前後	★☆☆☆☆
花冷え	10℃前後	★★☆☆☆
涼冷え	15℃前後	★★★★☆
常温	20~25℃前後	★★★★★
人肌燗	35℃前後	★★☆☆☆
ぬる燗	40℃前後	★★☆☆☆
上燗	45℃前後	★★★☆☆
熱燗	50℃前後	★★★☆☆

常温も力強い熟酒《じゅくしゅ》

重厚で複雑なテイストをもつ「熟酒」は、クセモノだけあり、すべてをまとめて『これが適温！』とは、なかなかいえないのが正直なところ。あえて挙げるなら、やや軽めのテイストのものは15℃前後の「涼冷え」。夏なら「涼冷え」がおすすめですが、冬ならもう少し温めた「常温」の方が良いかも。そして、「いかにも熟酒」というような重めのものは、甘味が強くなる25℃前後が最適です。

なかには「人肌燗」とよばれる35℃前後が適温という熟酒もありますが、温め過ぎると複雑なバランスが崩れてしまうので、お燗をするときは、注意が必要です。

●熟酒のおいしい温度：
15～25℃／35℃前後
（涼冷え～常温／人肌燗）

温度帯		オススメ度
雪冷え	5℃前後	☆☆☆☆☆
花冷え	10℃前後	★★☆☆☆
涼冷え	15℃前後	★★★★☆
常温	20～25℃前後	★★★★★
人肌燗	35℃前後	★★★☆☆
ぬる燗	40℃前後	★★☆☆☆
上　燗	45℃前後	☆☆☆☆☆
熱　燗	50℃前後	☆☆☆☆☆

燗《かん》をつけてみよう！

おいしく温めるなら専用のお燗器がベストですが、なくても大丈夫！ 鍋にお湯をはって代用しましょう。

まず、徳利が半分以上浸る量の水を鍋に入れ80℃くらいに沸かします。9分目までお酒を入れて、香りが飛ばないようにラップをかけた徳利をそのお湯の中に浸すだけ。後はお好みの温度になればOKです。

温度によって香りが豊かになったり、旨味が増したりする日本酒の変化を、さまざまな燗酒で飲み比べてみてはいかがでしょうか。

ふた付のチロリ（酒燗器）を使う卓上酒燗器。最近はレンジで温める人も多いですが、温度のムラなどで味を損なうので、おすすめしません。

お湯を入れた器に専用の徳利を入れる酒燗器。陶器製は、ゆっくりとお酒が温まるので、お酒の味もまろやかに。価格は数千円～とリーズナブル。

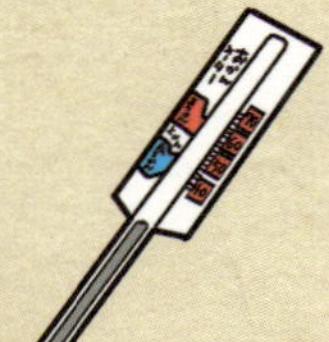

温度の違いを確認する温度計は、キッチン用でも問題はありませんが、お燗用の温度計なら、よりわかりやすく検温ができます。

column

カンタン！日本酒アレンジ

たまには日本酒をおしゃれにアレンジしてみてはいかがでしょう？「そんなのありなの!?」って思うほど、日本酒の楽しみ方はさまざまなのです！

食前酒やパーティーにぴったり♪
プラス
＋
フルーツ!

意外かもしれませんが、フルーツと日本酒って結構合うのです。スライスしたイチゴや桃を入れるだけでフルーツポン酒 (!?) のでき上がり。香り豊かな薫酒や発泡酒なら、さらに相性◎。

季節を問わずに花見酒♪
桜の塩漬け
inお猪口!

フルーツの次は、やっぱりお花。お手軽なのは、市販の桜の塩漬けをお燗した日本酒に浮かべる「さくら酒」。お猪口《ちょこ》の中で桜の花がほころぶ様子に、ちょっとしたお花見気分が楽しめそう。

混ぜるだけの
シェイカーいらず！
日本酒でカクテル！

日本酒ベースのカクテルの中から人気の「サムライロック」を紹介しましょう。日本酒とライムジュースを５：１の割合で混ぜます。ライムの酸味ですっきり飲みやすくなります。ぜひお試しください。

貴醸酒でも
古酒
未成年者NGの
大人の
デザート！
アイス on
日本酒

冷たいアイスにエスプレッソコーヒーをかけたデザート「アフォガード」にヒントを得た、日本酒の新しい楽しみ方です。かけるお酒は、甘味とコクに富んだ熟酒の中でも古酒や貴醸酒がベター。

column

冷蔵保存で味をキープ！

みなさんは日本酒をどのように保存していますか。ほとんどの人は開封前は常温、開封後は冷蔵庫に入れているのではないでしょうか。なかには開封後も常温保存ができるお酒もありますが、基本的には冷蔵保存をしましょう。特に注意をしたいのが、生酒や活性にごりなど、酵母が生きたまま瓶詰されているお酒。これらは常温で保存すると瓶の中で発酵や酵素の分解が進み、味や風味がすぐに変化してしまうので、購入後は開封前でもただちに冷蔵庫で保管してください。

冷蔵庫で保存する場合もドアポケットは避け、温度変化が少ない奥の方に縦置きでしまうのがベスト。大きな一升瓶での縦置きは難しいので、一般家庭では四号瓶（720㎖）サイズが良いでしょう。日本酒に賞味期限はありませんが、なるべく早く飲んでしまうのがおすすめ。残ったお酒は、料理にコクを加える一助にお使いください。

column

悪酔い防止に和《やわ》らぎ水

ほとんどの種類の日本酒は、ゆっくりと食事を味わいながら楽しむ食中酒として飲まれています。ですので、食事がおいしいとお酒も進み、知らず知らずのうちに飲み過ぎてしまうこともありがち。体調や気分がすぐれないときは、特に注意をしながら、適量を見極めるようにしましょう。

悪酔いせずにお酒を楽しむのに、欠かせないのが「和らぎ水」です。和らぎ水とはお酒を飲む合間に飲む水のことで、酔いを和らげてくれる水だから「和らぎ水」。そのままですね。洋酒でいうところのチェイサーにあたります。

お猪口《ちょこ》一杯飲んだら同じ量の水を飲むようにすれば、酔う速度が緩やかになり、飲み過ぎ防止にもつながります。ちなみに和らぎ水は、違う種類の日本酒を嗜む前のお口の中のリセットにも役立ちます。

今日は師匠と日本酒ＢＡＲに来ています
このお店は料理も旨いし！日本酒の種類も豊富だよ
まずは、刺身の盛り合せでも注文しよう みのりちゃんは好きなお酒を選んでみて！
メニュー
えっ、いいんですか？迷っちゃうなぁ？
わたしだって、今までさんざん日本酒の勉強してきたんだ
よーし！とっておきのお酒を選んで…
お！この酒は！
わたしの選んだ刺身盛り合せにピッタリ！
ベストチョイスじゃないかね！
さすが！我が弟子！腕を上げたなぁ！
いいえ！これも師匠の教えの賜物です
ガッ
なんちゃって〜！
刺盛りおまたせしました〜

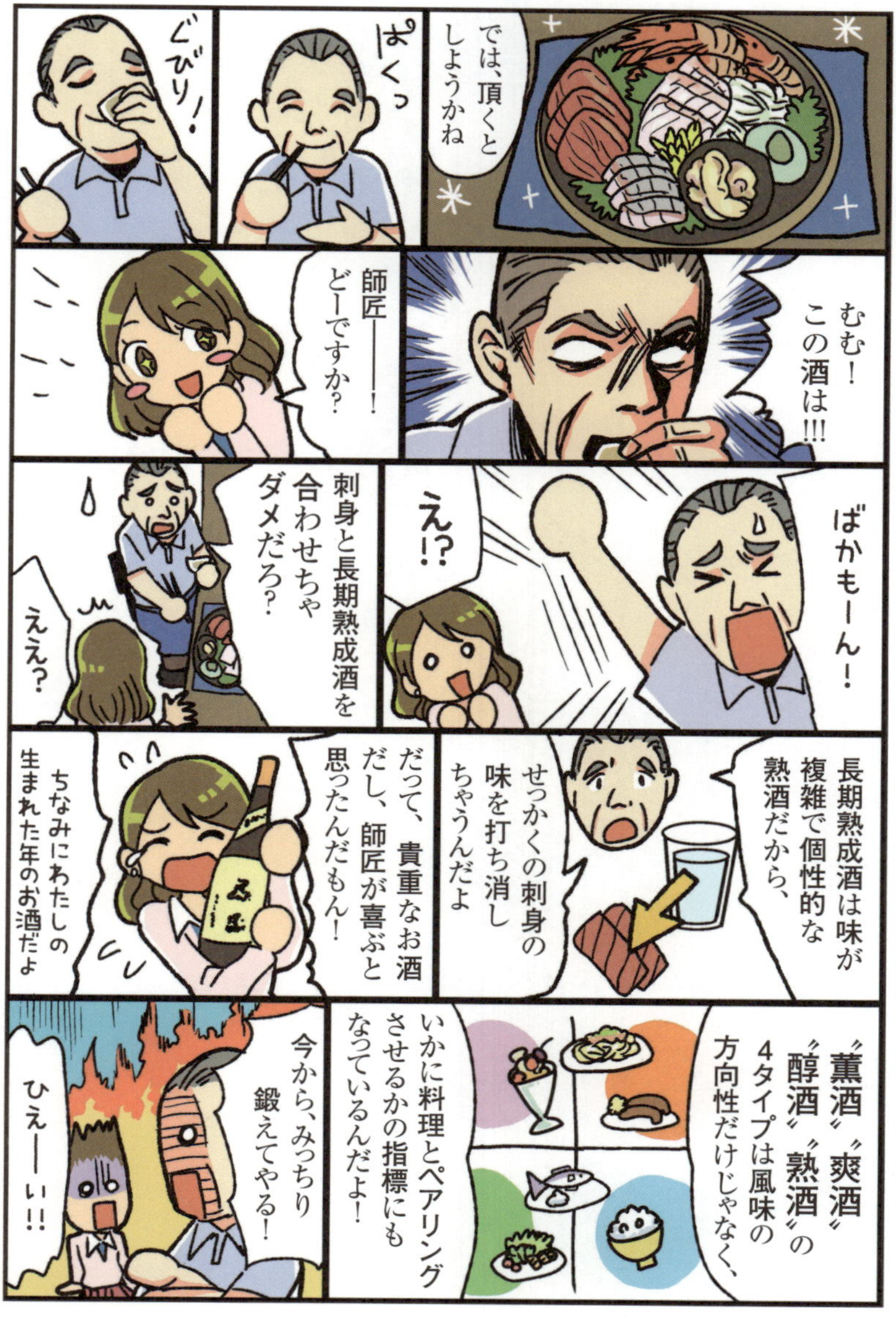

では、頂くとしようかね
ぱくっ
ぐびり!
むむ！この酒は!!!
師匠――――！どーですか？
ばかもーん！
え!?
刺身と長期熟成酒を合わせちゃダメだろ？
ええ？
長期熟成酒は味が複雑で個性的な熟酒だから、
せっかくの刺身の味を打ち消しちゃうんだよ
だって、貴重なお酒だし、師匠が喜ぶと思ったんだもん！
ちなみにわたしの生まれた年のお酒だよ
〝薫酒〟〝爽酒〟〝醇酒〟〝熟酒〟の4タイプは風味の方向性だけじゃなく、
いかに料理とペアリングさせるかの指標にもなっているんだよ！
今から、みっちり鍛えてやる！
ひえーーい!!

料理とのペアリング

お米から造られる日本酒が和食と相性が良いのは当たり前。日本酒は香りやテイストに幅があるので、フレンチやイタリアンなどの洋食にも、脂っこい中華料理やスパイシーなエスニック料理にも合わせられる、思った以上に懐の深〜いお酒なのです！

では、それぞれの日本酒はどんな料理と相性が良いのでしょうか。

この章では薫酒・爽酒・醇酒・熟酒、それぞれに合う食材やメニューのペアリングを、3つの良いポイントと2つの悪いポイントでみていくことにしましょう。

相性の良いポイント

ポイントさえおさえれば大丈夫！

Point 1

同調

バランスが良いハーモニー

同じような要素をもつもの同士の相性はバツグンで、組み合わせてもまったく違和感がありません！

Point 2
マリアージュ
新しい風味が生じる

お酒と料理の特徴や要素がまったく違うのに、うまく溶け合って、新しい味わいを感じさせてくれるペアリングです！

Point 3
ウォッシュ
料理の脂分を流す 雑味や臭みを消す

クセのある素材や料理の口に残った雑味や臭み、脂をお酒で洗い流すことで、さらに料理やお酒が進んじゃうペアリング!

相性の悪いポイント

✕ バランスが悪い
料理の味が強過ぎて酒の味わいが負けてしまう、またはその逆のアンバランスなペアリング。

✕ 反発
お酒と料理の味や個性が反発してしまうペアリング。なぜか変な香りや不快な味わいを感じてしまう。

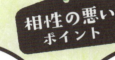

薫酒《くんしゅ》編

香りの高いタイプと料理のペアリング指南

薫酒には、香りの相乗効果が期待できるフルーツや、香りの邪魔をしない淡白な食材がぴったり。

薫酒系はシンプルな味付けの料理が合うんです
こちらは湯葉とミョウガの酢の物です
湯葉とミョウガの酢の物
大吟醸と合わせると湯葉のほんのりとした甘さが引き立ちますね
前菜は料理のスタートだから、まずは軽やかな料理と香り高い薫酒を合わせるのがベストチョイスだね！

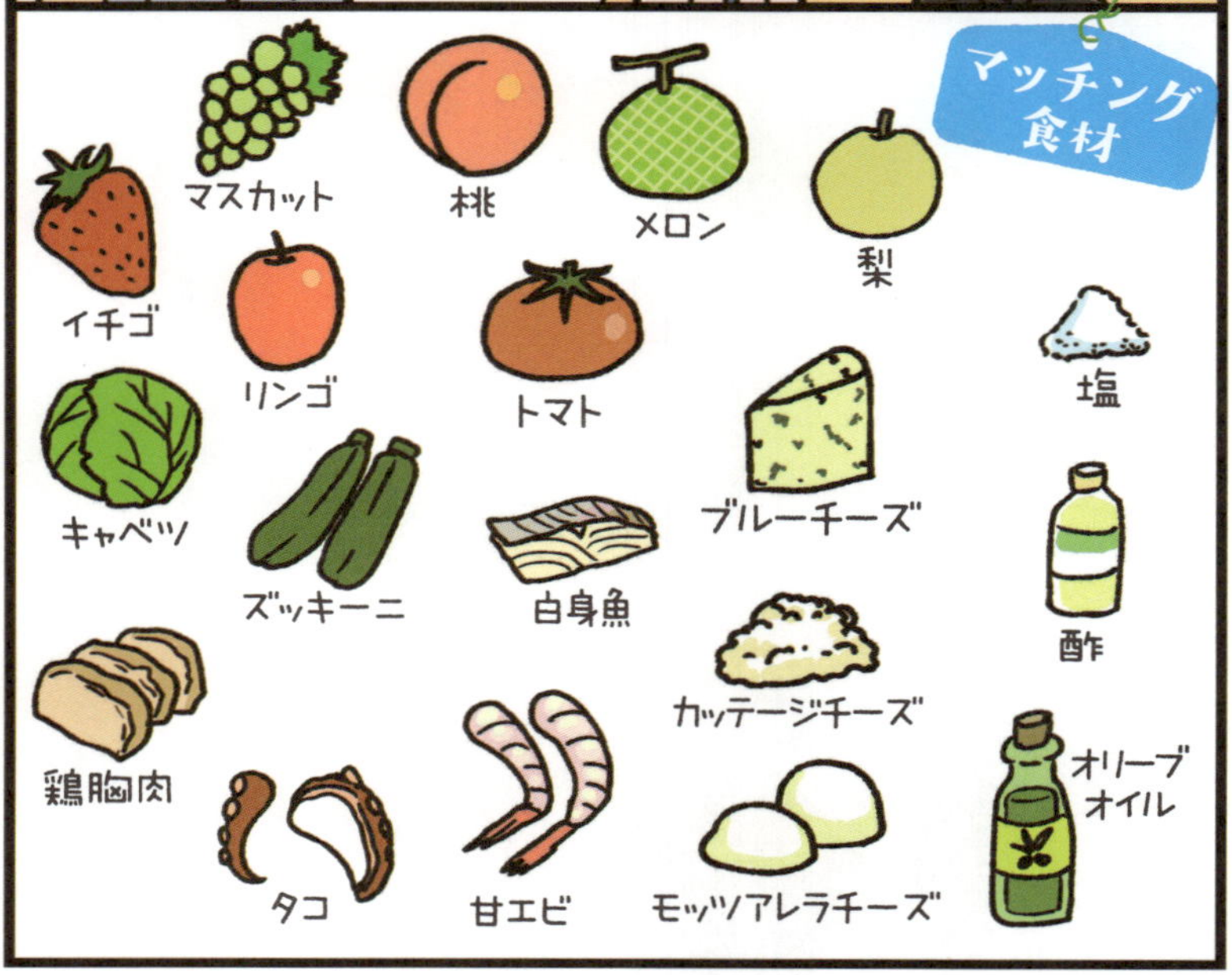

マッチング食材
マスカット
桃
メロン
梨
イチゴ
リンゴ
トマト
塩
キャベツ
ズッキーニ
白身魚
ブルーチーズ
酢
カッテージチーズ
鶏胸肉
タコ
甘エビ
モッツァレラチーズ
オリーブオイル

料理とのペアリング（薫酒）

薫酒に分類されるのは、主に**純米大吟醸酒**、**大吟醸酒**、**純米吟醸酒**、**吟醸酒**。そしてこれらの特徴は、なんといっても華やかな香りです。ということは、料理とのペアリングで大切なのは、薫酒の香りが楽しめること。

この条件を満たすのが、

- **味わいが軽やかなもの**
- **清涼な風味がある**
- **食材そのものが自然で柔らかな甘みをもっている**
- **シンプルな味付けの料理**などです。

これらを選んだポイントは「同調」。薫酒の華やかな香りとハーモニーを奏でる料理なら、香りはもちろん、料理の味わいも一層引き立つはずです。

シンプルに味わいたいなら、フルーツそのものをおつまみにどうぞ。もちろんフルーツを使った料理や添え物に使った料理との相性もぴったり。また、軽い味わいのものが多い前菜系の料理とのペアリングもＯＫです。

調理方法も、手の込んだものは味が強くなりがちなのであまりおすすめしません。焼く・蒸す、あるいは生のままといったシンプルな方が、薫酒の香りが楽しめます。

純米吟醸くん
純米大吟醸くん
大吟醸さん
吟醸さん

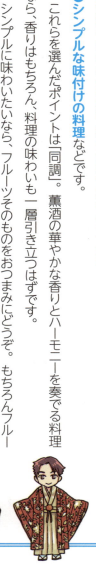

薫酒

BARのマスターが教える！

簡単おつまみ

甘エビと香味野菜の柑橘和え

材料（2人前）

甘エビ…5尾

A
- 大葉…3枚
- ミョウガ…1/2個
- 三つ葉…1/4束

B
- 塩…少々
- オリーブオイル…小さじ1

柑橘の果物…お好みで
（レモン・スダチ・カボスなど）

1. Aを粗みじん切りにする
2. Aに甘エビとBを混ぜ合わせる
3. 柑橘類をお好みで搾りかける

湯葉とミョウガの酢の物

材料（2人前）

生湯葉…100g

ミョウガ…1個

A
- 酢…大さじ2
- 砂糖…小さじ1
- 塩…少々
- 薄口醤油…小さじ1

1. ミョウガを千切りにする
2. Aを混ぜ合わせる
3. 1と2、生湯葉を和える

柿の白和え

材料（2人前）

柿…1個

木綿豆腐…1/2丁

A
- 濃口醤油…大さじ1
- 白すりごま…大さじ1

1. 木綿豆腐の水切りをする
2. 1をつぶしながらAを入れ、なめらかにする
3. 皮をむき種を取って薄切りにした柿をざっくり和える

そのほかのペアリング

●甘エビのカルパッチョ　●白身魚のカルパッチョ　●鮎の塩焼き
●サーモンとハーブのサラダ　●山菜のおひたし　●山菜の天ぷら　●シーフードサラダ
●白身魚の酒蒸し　●アサリの酒蒸し　●蒸し鶏のネギソースがけ　●鶏胸肉のハム
●ロールキャベツ　●モッツアレラチーズとトマトのカプレーゼ　●タコのマリネ　など

軽快でなめらかなタイプと料理のペアリング指南 爽酒《そうしゅ》編

爽酒は比較的いろいろな料理と合いますが、
特にマッチするのが、淡白な味わいの食材です。

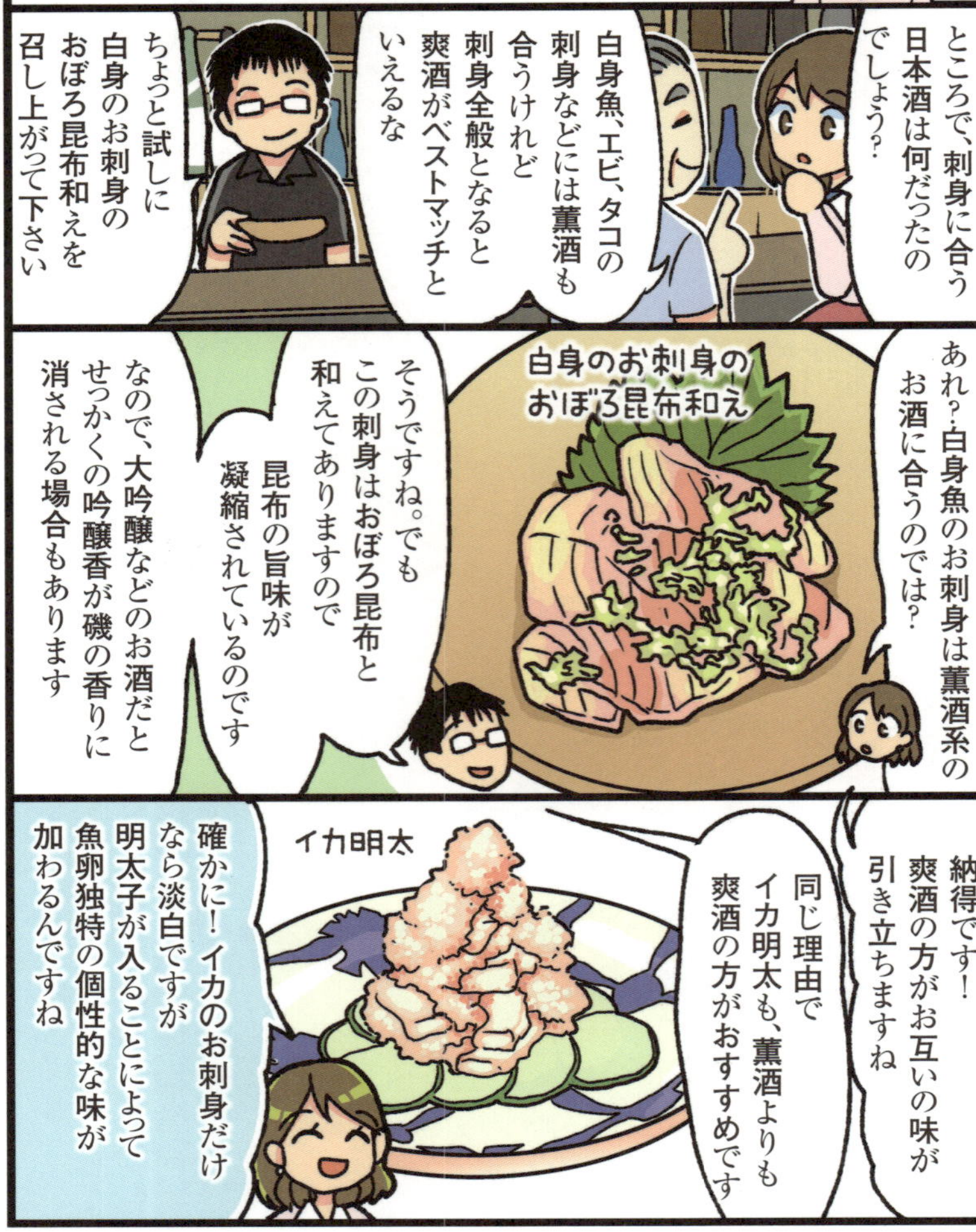
ところで、刺身に合う日本酒は何だったのでしょう？
白身魚、エビ、タコの刺身などには薫酒も合うけれど刺身全般となると爽酒がベストマッチといえるな
ちょっと試しに白身のお刺身のおぼろ昆布和えを召し上がって下さい
あれ？白身魚のお刺身は薫酒系のお酒に合うのでは？
白身のお刺身のおぼろ昆布和え
そうですね。でもこの刺身はおぼろ昆布と和えてありますので
昆布の旨味が凝縮されているのです
なので、大吟醸などのお酒だとせっかくの吟醸香が磯の香りに消される場合もあります
納得です！爽酒の方がお互いの味が引き立ちますね
同じ理由でイカ明太も、薫酒よりも爽酒の方がおすすめです
イカ明太
確かに！イカのお刺身だけなら淡白ですが明太子が入ることによって魚卵独特の個性的な味が加わるんですね

今度は今までとだいぶ系統の違った料理ですね
鶏モモ肉の香草焼き
爽酒系のお酒はあまり味を主張しない淡白な食材に合うのですが
実は例外もあって脂っこい料理でも爽酒系のお酒で口の中を洗い流しておけば、常においしく料理を楽しめるんです

マッチング食材
キュウリ
モヤシ
白菜
パクチー
ショウガ
大葉
ミョウガ
イカ
セロリ
大根
エビ
鶏胸肉
ホタテ
酢
タコ
白出汁
オリーブオイル
ゆず
Yogurt
ササミ
柚子胡椒
ワサビ
ヨーグルト

本醸造酒、生酒、生貯蔵酒、生詰酒や**普通酒**（→P190）などが当てはまる爽酒は、口当たりがやさしいなめらかな味わいで、料理との相性の幅が広いのも大きな特徴。ですが、爽酒そのものはあまり強い味わいではありません。そこで注目したいペアリングのポイントが「同調」。爽酒の味わいに似た、素材の味を活かした料理と合わせるのがコツです。

- **軽めの旨味がある料理**
- **薄めの味付けで仕上げている料理**
- **爽やかな味わいの料理**

などとのペアリングですと、爽酒も料理もおいしく楽しめるでしょう。特におすすめしたいのが、新鮮な刺身や白身魚を使った料理など、淡白な素材の味を活かしたシンプルな料理。爽酒の味わいも素材の味も、どちらも素直に楽しめるペアリングになります。

実はこの爽酒、味の濃い料理や脂っこい料理との相性も◎！　濃い味や脂に染まった口の中をリフレッシュさせて、常においしく料理が食べられるようにしてくれるのです。ペアリングの決め手には、味わいの相性は重要。ですが、このように「ウォッシュ」ポイントも、実は見逃せないのです。

爽酒

BARのマスターが教える！簡単おつまみ

白身のお刺身のおぼろ昆布和え

材料（2人前）
白身のお刺身…6切れ
おぼろ昆布…適量
レモン…1/4個
塩…少々

1. レモンを搾り、塩と混ぜる
2. 刺身とおぼろ昆布を和え、お好みで1をかける

イカ明太

材料（2人前）
イカ刺身用…50g
明太子…1/2腹

1. イカとほぐした明太子を混ぜ合わせる

鶏モモ肉の香草焼き

材料（2人前）
鶏モモ肉…1/2枚
お好みの野菜
（ズッキーニ、ミニトマトなど）
ローズマリー…適量
塩…小さじ2
黒胡椒…少々

1. 鶏モモ肉の両面に塩・胡椒をふる
2. 1にフライパン（強火）で焼き目を付ける
3. 2と野菜、ローズマリーをホイルに包みトースターで約10分焼く

そのほかのペアリング

●蕎麦 ●白身魚の刺身 ●冷や奴 ●鮎の塩焼き ●茹でガニ ●若竹煮 ●サンマの塩焼き
●カニ玉 ●野菜のピクルス ●パクチー豆腐 ●春雨サラダ ●イワシのマリネ
●エビのグリル ●冬瓜の含め煮 ●タコとカブのサラダ ●セロリとタコのサラダ
●野菜のテリーヌ ●つくねと白菜のスープ ●貝柱と大根サラダ ●フライドポテト など

醇酒《じゅんしゅ》編

コクのあるタイプと料理のペアリング指南

しっかりとコクと旨味がある醇酒には、
脂ののった魚や肉、乳製品など、味の濃いものが合います。

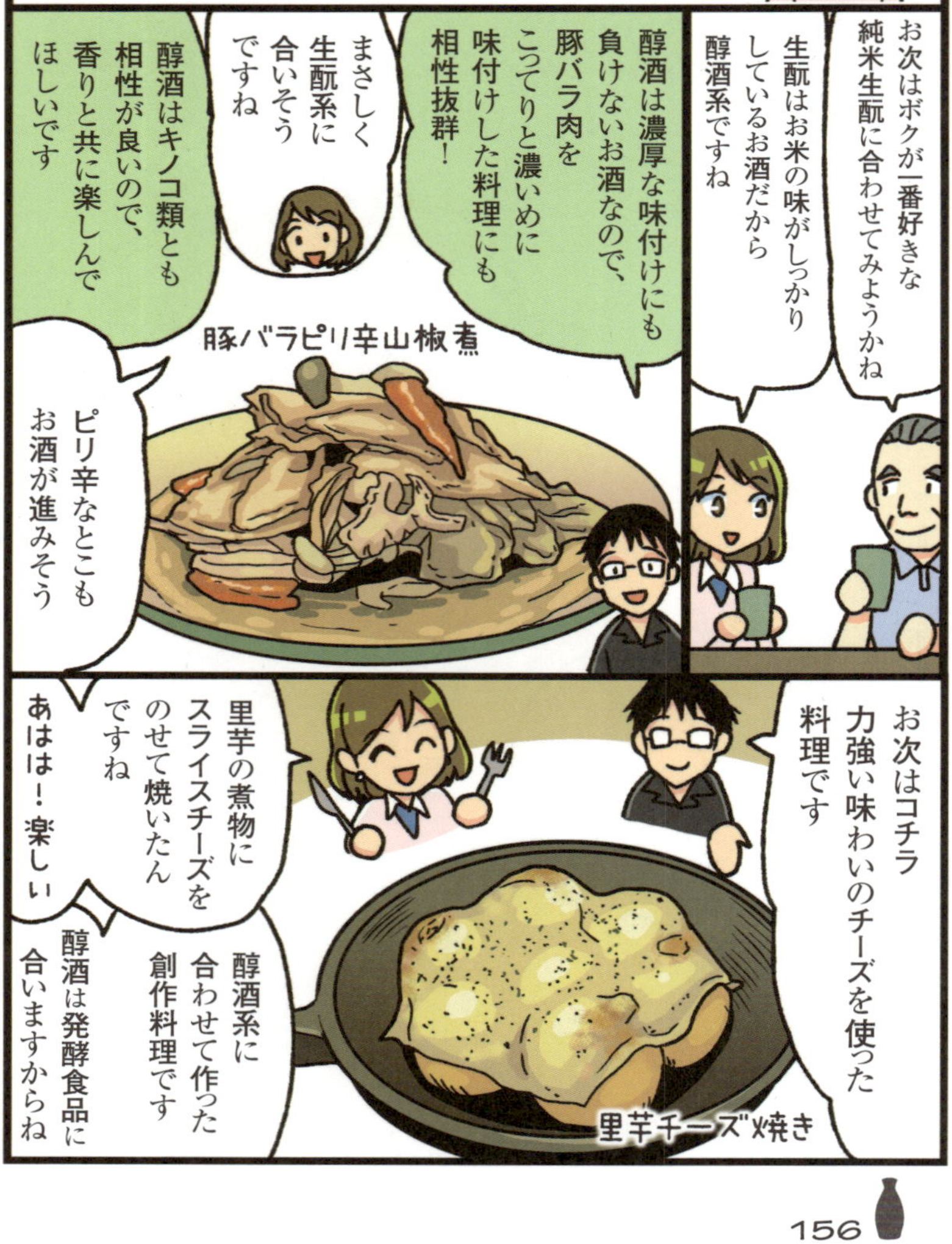

味噌も発酵食品なので、味噌漬けと醇酒は相性がいい
ゆで卵の味噌漬け
卵以外でも魚やお肉の味噌漬けもありますね
発酵食品＋発酵食品でチーズの味噌漬けも相性抜群！1週間ほど味噌に漬けるだけなので、カンタンです！
みそ

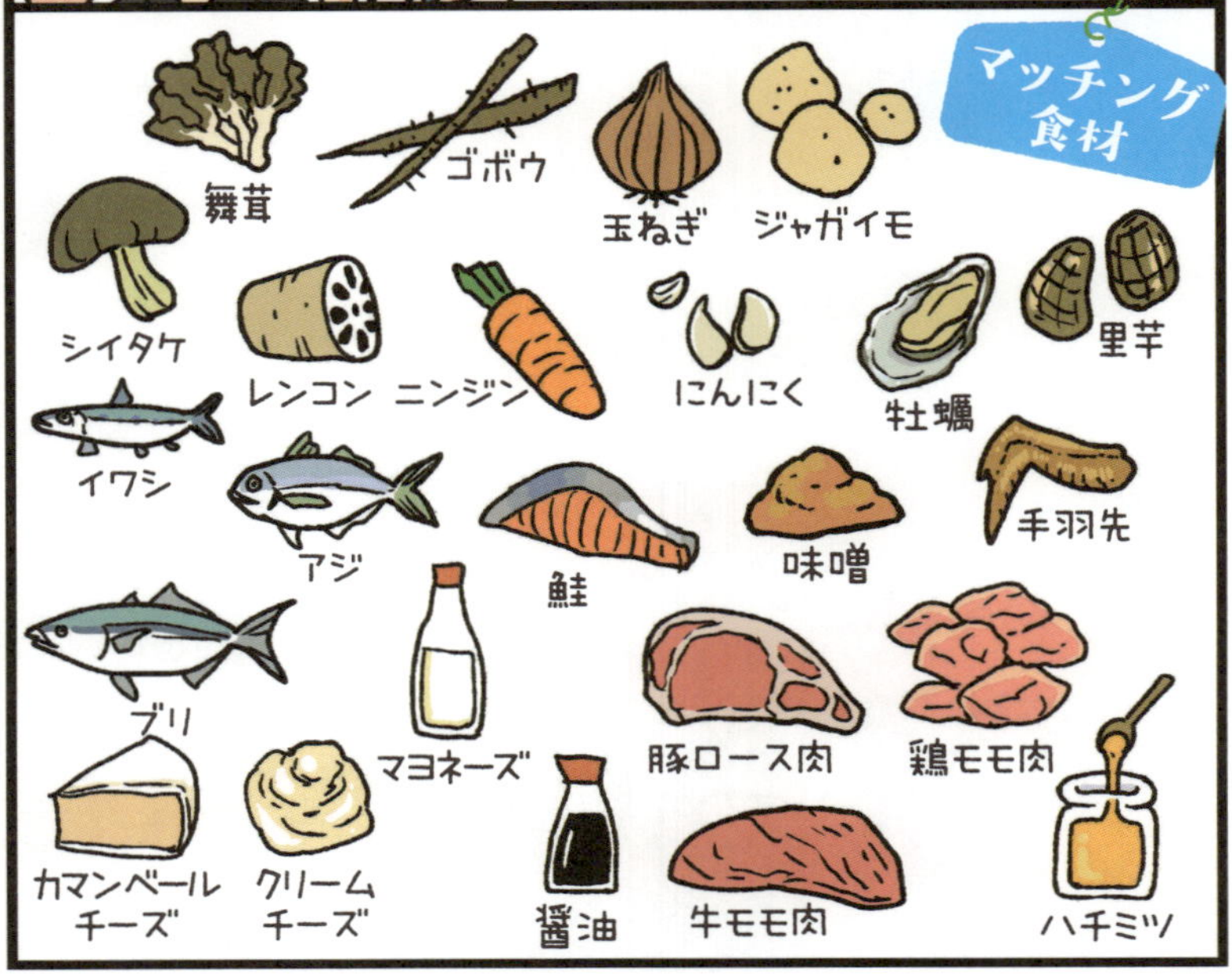

マッチング食材
舞茸
ゴボウ
玉ねぎ
ジャガイモ
シイタケ
レンコン
ニンジン
にんにく
牡蠣
里芋
イワシ
アジ
鮭
味噌
手羽先
ブリ
マヨネーズ
豚ロース肉
鶏モモ肉
カマンベールチーズ
クリームチーズ
醤油
牛モモ肉
ハチミツ

料理とのペアリング（醇酒）

コクと旨味が特徴の醇酒に分類されるのは、**純米酒**や**本醸造酒**、**生酛**、**山廃**など、お米本来の味わいが楽しめるお酒です。

そんな醇酒との相性がぴったりなのは、

- **アクの強い食材**
- **発酵食品**
- **風味の強い料理**
- **濃厚な味付けの料理**

など、濃い味わいの食材や料理。醇酒には、それらに負けない力強い味わいがあるのです。

醇酒の力強さは、バターや生クリームを使ったこってりとした洋食類にも負けず、しっかりと「同調」するほど。ですので、味噌焼きや照り焼きなどの濃い味付けの和食はもちろん、脂がたっぷりのステーキにだって負けません！

味わいの力が強いということは、逆にいえば、素朴な味の食材や淡白な味の料理とは合わないということです。それらとのペアリングだとバランスが悪くなってしまい、食材や料理の味を楽しめなくなってしまいます。

生酛くん　山廃くん　純米くん　本醸造おじさん

醇酒 BARのマスターが教える！簡単おつまみ

里芋チーズ焼き

材料（2人前）

里芋小（冷凍可）…7個
スライスチーズ…2枚
A めんつゆ…40mℓ
A 水…160mℓ
A 砂糖…大さじ1
黒胡椒…少々

1. 里芋をAで串が通るくらい煮る
2. 1をホイルに並べチーズを上にのせ黒胡椒をふる
3. チーズが溶けるまでトースターで焼く

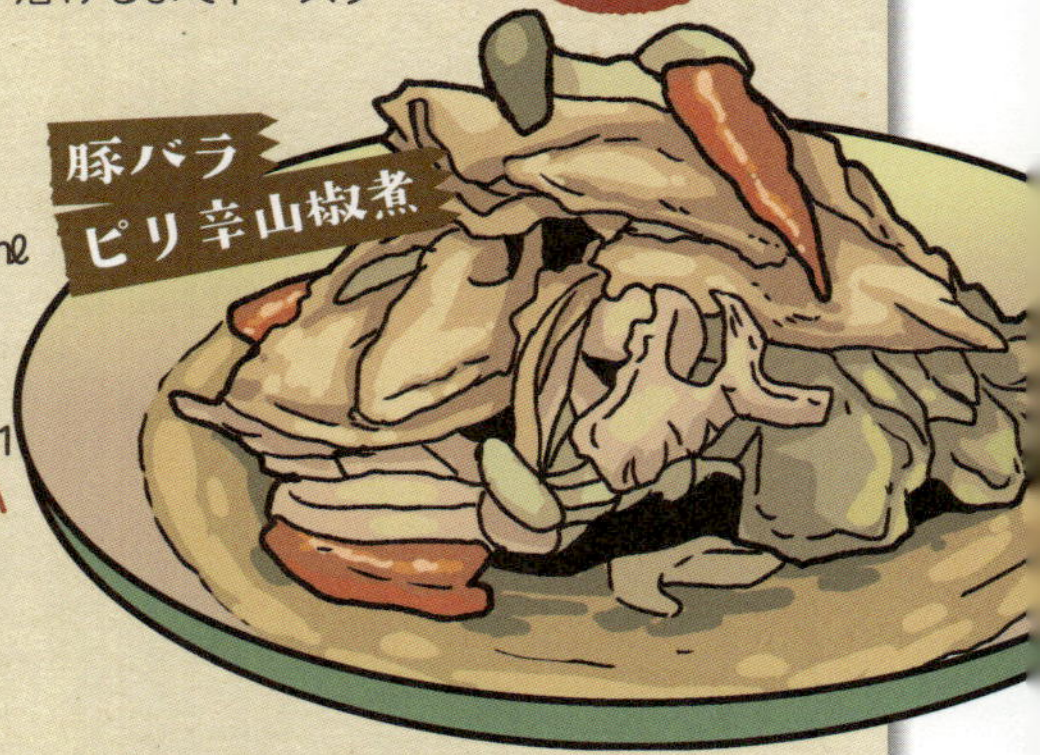

豚バラピリ辛山椒煮

材料（2人前）

豚バラスライス…100g
お好みの野菜（しめじ、えのきなど）
A めんつゆ…40mℓ
A 水…160mℓ
A 砂糖…大さじ1
鷹の爪…2本
山椒粉…小さじ1

1. 鷹の爪を半分に切って種を取り、Aと共に豚バラ・野菜を中火で煮る
2. 仕上げに山椒粉を合わせる

味噌クリームチーズ

材料（2人前）

クリームチーズ…50g
味噌…5g

1. 材料をざっくり混ぜ合わせる

ゆで卵の味噌漬け

材料（2人前）

卵…2個
味噌…100g

1. 沸騰した湯に卵を入れ約6分茹で殻をむく
2. 1と味噌をビニール袋などに入れて約3時間漬ける

そのほかのペアリング

●岩牡蠣　●肉じゃが　●おでん　●牡蠣フライ　●塩辛　●カラスミ　●チンジャオロースー　●シーフードグラタン　●ミックスピザ　●酒盗　●春雨サラダ　●大根と豚肉の煮物　●牡蠣の土手鍋　●メンチカツ　●焼鳥レバー（たれ）　●牛すじ煮込み　●トリッパの煮込み　●野菜のカポナータ　●白身魚のムニエル　●ナスとピーマンの味噌炒め　●カレイの煮付け　など

熟成タイプと料理のペアリング指南

熟酒《じゅくしゅ》編

しっかり熟成されたクセのある熟酒には、
ドライフルーツや乾物などの濃厚な味わいの食材が合います。

みのりちゃん！いよいよ最後の特訓はクセモノ揃いの熟酒だよ！
やっぱり熟酒ってクセモノなんですね お刺身にペアリングした自分がハズカシー！
古酒や長期熟成酒の熟酒は濃厚で複雑な味わい
濃厚な熟酒には濃厚な料理が合います
焦がしバターを牛すき煮にかけて深いコクをプラス！大胆にアレンジしちゃいました
甘辛牛すき煮
焦がしバターソース
うわぁ～アグレッシブ！
お次はスイーツ！
なんか！やりたい放題やってません？
そんなことはありませんちゃんと理由があってのペアリングです
ドライフルーツのカナッペ
熟酒はドライフルーツやハチミツにも合うんです
チーズをハード系に変えてもイケそうですね

この料理はボクの自信作
見た目はただの梅干しですね
うわー！梅干しの燻製だぁ～
梅干しの燻製
熟酒は強烈な燻製香にも打ち勝っちゃうお酒なんです
燻製を作るのは意外とカンタン
アルミホイルを敷いたフライパンに適量の桜チップを入れる。桜チップに直接食材が付かないように金網で浮かせる。食材を入れてフタをしたら、中火でおよそ10分ででき上がります
フタ
金あみ
食材
アルミホイル
桜チップ
マッチング食材
カボチャ
サツマイモ
里芋
干しシイタケ
サバ
鰻蒲焼き
コンビーフ
ナッツ類
鴨肉
ラム肉
豚肩
和牛
ドライフルーツ
ミモレット
クリームチーズ
オイスターソース
バルサミコ酢
ラード

料理とのペアリング（熟酒）

古酒、長期熟成酒、秘蔵酒などが当てはまる熟酒は、濃厚で複雑、しかも力強いテイストを持っているのが特徴です。そんな一癖も二癖もあるクセモノばかり揃った熟酒と相性がぴったりなのは、

- **味わいや風味の強烈な料理**
- **脂っこい料理**
- **スパイスやナッツ、黒糖などをたっぷり使った料理**
- **熟成したチーズ**

など、ほかのタイプの日本酒では考えられない料理や食材がラインナップします。

それというのも、薫酒や爽酒と相性の良い料理では、熟酒の重厚で複雑なテイストにまったく太刀打ちできないからです。熟酒の重厚なテイストがどれくらいスゴイのかという例を挙げるなら、スモーク臭たっぷりの燻製《くんせい》にだって負けていません。それどころか、甘～いデザートとだって相性が良いんです！

燻製とデザート。洋酒のおつまみにもぴったりな、こんなラインナップにも互角、あるいは優勢勝ちしてしまう熟酒の力強さって、まさにウイスキークラスなんです。

どうです？　熟酒ってスゴイでしょう。

古酒さん　長熟おばあちゃん

熟酒BARのマスターが教える！簡単おつまみ

甘辛牛すき煮 焦がしバターソース

材料（2人前）

A［牛肉スライス…100g
　 豆腐…1/2丁

ゴボウ…1/4本
すき焼きのたれ…150mℓ
バター…30g

1. ゴボウをささがきにする
2. 1とAをすき焼きのたれで中火で煮込む
3. きつね色に加熱したバターをかける

梅干しの燻製

材料（2人前）

梅干し…4個
桜チップ…適量

1. 梅干しを燻製する
（→P161）

ドライフルーツのカナッペ

材料（2人前）

クリームチーズ…適量
お好みのドライフルーツ…適量
クラッカー…4枚
ハチミツ…お好みで

1. クラッカーにクリームチーズをのせる
2. 1にドライフルーツをのせる
3. 最後にハチミツをかける

そのほかのペアリング

●麻婆豆腐　●鰻の蒲焼き　●フォアグラのソテー　●フカヒレの姿煮　●すき焼き
●ローストチキン　●チーズフォンデュ　●ジャージャー麺　●タッカルビ
●ゴルゴンゾーラパスタ　●甘露煮　●モンブラン　●チョコレート　●アイス　など

師匠！日本酒BARなのに食べ過ぎですよ！
…
満漢全席だったな！

旬を楽しくする日本酒

野菜や果物に旬があるように、実は日本酒にも旬があるんです。「春においしい」「秋にぴったり」というだけでなく、その時期にしか販売しない旬の逸品もあります。日本の四季を彩る日本酒の旬の楽しみ方をご紹介しましょう。

●季節のチャート

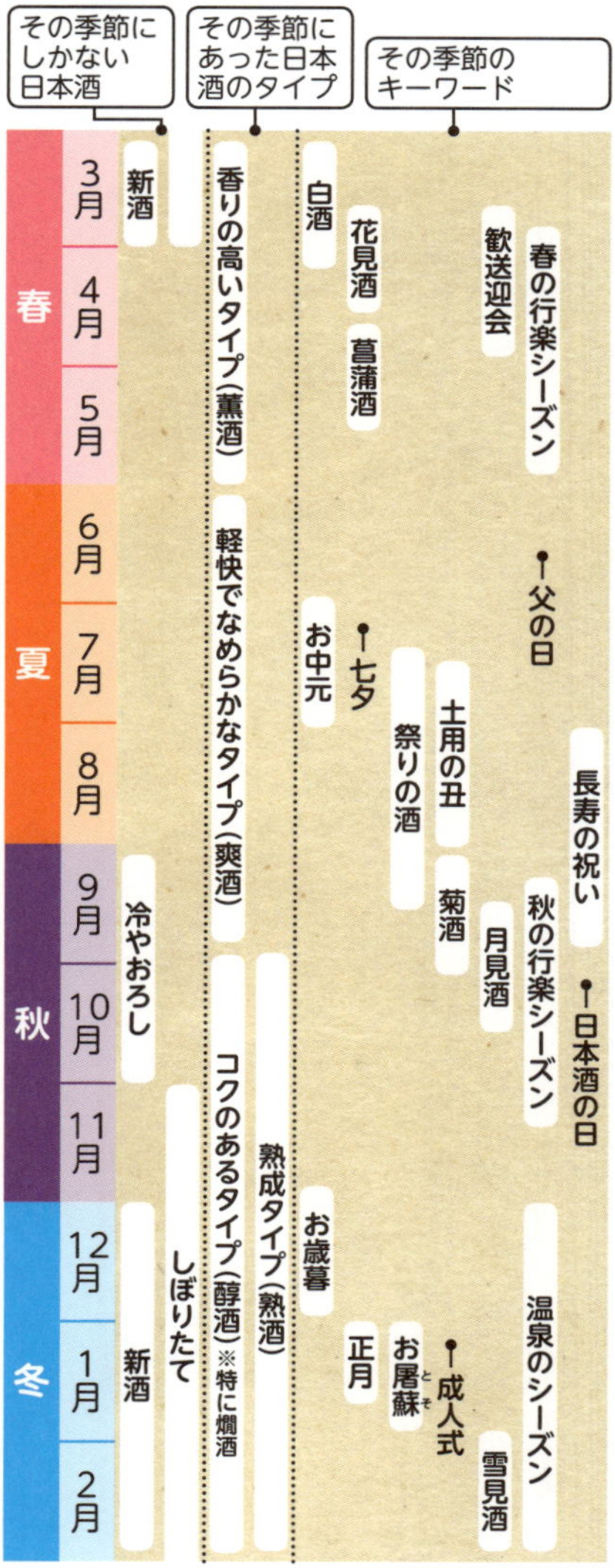

その季節にしかない日本酒
その季節にあった日本酒のタイプ
その季節のキーワード
春
3月
4月
5月
夏
6月
7月
8月
秋
9月
10月
11月
冬
12月
1月
2月
新酒
冷やおろし
しぼりたて
新酒
香りの高いタイプ（薫酒）
軽快でなめらかなタイプ（爽酒）
コクのあるタイプ（醇酒）※特に燗酒
熟成タイプ（熟酒）
白酒
花見酒
菖蒲酒
お中元
七夕
祭りの酒
土用の丑
菊酒
月見酒
お歳暮
正月
お屠蘇《とそ》
成人式
雪見酒
歓送迎会
春の行楽シーズン
父の日
長寿の祝い
秋の行楽シーズン
日本酒の日
温泉のシーズン

春は何といっても花見酒！

春にお酒を楽しむといえば、真っ先に思い浮かぶのはお花見でしょう。お花見の歴史は古く、奈良時代には貴族が梅を愛でていたそうです。江戸時代には庶民の娯楽となり、桜の下で酔いしれる姿が、『花見酒』という落語に描かれています。そんな春を彩る日本酒といえば、やはり香りの高いタイプ（薫酒）。吟醸酒系の華やかな香りなら、花の色香にも負けないはず。夜桜としゃれこむのなら、お燗がおいしい純米酒系のコクのあるタイプ（醇酒）も見逃せません。

そして、春の風物詩といえばもうひとつ、歓送迎会があります。こちらには新しい門出を祝うという意味も込めて、春ならではの若々しい新酒はいかがでしょうか。

また、5月5日の「端午《たんご》の節句」で飲まれる「菖蒲酒《しょうぶざけ》」もおすすめ。日本酒に菖蒲をひたしたもので、「あやめざけ」ともよばれています。清々しい菖蒲の香り漂う、ちょっぴり風流で爽やかなお酒です。

春のキーワード

- 春の行楽シーズン
- 花見酒
- 歓送迎会
- 新酒
- 母の日
- 菖蒲酒

青いラベルで夏を楽しむ！

暑い夏においしい日本酒といえば、やっぱりキリリと冷やした軽快でなめらかなタイプ（爽酒）。香りが華やかな吟醸酒ももちろんおすすめですが、ここはあえて生酒。特に夏に出荷される「夏の生酒」をイチオシにしましょう。もちろん冷蔵庫で冷やしてください。そしてショットグラスに注いでグイっと！ 冷たい生酒のフレッシュさと爽快感が、きっと喉の渇きを癒してくれるはずです。

氷を浮かべて日本酒ロック、炭酸水を加えて日本酒のソーダ割りなんて飲み方も、この季節にぴったりの楽しみ方でしょう。

また、夏ならではの季節限定ボトルも、日本酒党なら見逃せないはず。青色や水色の寒色系を使ったクールなラベルや、スタイリッシュな透明ボトルなど、「涼」が強調されたボトルのデザインも、夏ならではのお楽しみ。

そんな季節感や限定感がある夏のボトルに詰まった日本酒は、父の日やお中元の贈答品にも最適です。

夏のキーワード

- 父の日
- 土用の丑
- 祭りの酒
- お中元
- 七夕

秋はアウトドアグルメにも！

さまざまな食材が旬を迎える実りの秋。もちろん日本酒も例外ではありません。9～10月になると春先に火入れした後、夏の間に熟成を深めた「冷やおろし」が店頭に並びます。日本酒好きにとっては秋の風物詩のひとつで、「秋あがり」ともよばれています。ポイントは出荷される月によって熟成の度合いが違うこと。まだ少しだけ若さを残した9月、香りと味のバランスが絶妙の10月、濃厚さが増した11月と、月ごとに深まる味わいを楽しむことができるのです。もちろん食中酒として、秋の味覚をさらにおいしく彩ることはいうまでもないでしょう。

最近では、アウトドアグルメのお供としての日本酒も人気。太陽の下で旬の食材を焼きながらお燗を頂くなんて、秋ならではのぜいたくですね。

そしてもうひとつ、日本酒党にとって秋のお楽しみは10月1日、「日本酒の日」です。リーズナブルにいろいろな日本酒の試飲ができたりするイベントが開催されるので、要チェックです！

秋のキーワード

- 日本酒の日
- 秋の行楽シーズン
- 月見酒
- 菊酒
- 冷やおろし

冬はやっぱり鍋と燗酒でほっこり!

忘年会にクリスマス、お正月に新年会……と、何かとお酒を飲む機会が多いのが、寒〜い冬。実は数ある酒類の中で、ポカポカとからだを温める力に優れているのが日本酒のお燗。あったかいお鍋やアツアツのおでんを肴に、濃厚でコクのある醇酒や熟酒のお燗を頂く。想像するだけで、からだの芯がポカポカしてきませんか?

また、新酒の中でも特にフレッシュな「しぼりたて」が味わえるのもこの季節ならでは。年の初めにぴったりな鮮度抜群の「しぼりたて」は、主に11〜3月に出荷される生酒のこと。秋の「冷やおろし」と同じように、出荷される月によって微妙に違う味わいの変化も楽しめるお酒です。

忘れがちですが、日本酒は発酵食品です。なので、実は胃腸にやさしく、適量を嗜む分には、むしろ健康的な嗜好品なのです。「酒は百薬の長」はだてではありません。

とはいえイベントが続くこの季節、くれぐれも飲み過ぎにはご注意を!

冬のキーワード

- 温泉シーズン
- 成人式
- 雪見酒
- 正月
- お屠《と》蘇《そ》
- お歳暮
- 新酒
- しぼりたて

酒器が変われば味も変わる！

お猪口《ちょこ》やグラスなどの酒器選びも、日本酒の楽しみのひとつ。というのも、素材や飲み口の厚みの違いなどによって、味や香りが違ってくるんです！

酒器の素材の種類

酒器は素材はもちろん、色や型、厚みも実にさまざまで、それぞれに味わいがあります。いろいろ試してみると、新しい発見がありそうですね。

- ●ガラス…クリスタル、ソーダガラス
- ●土…磁器、陶器
- ●木…木工、漆器、竹
- ●金属…錫《すず》、チタンなど

そそぐための酒器

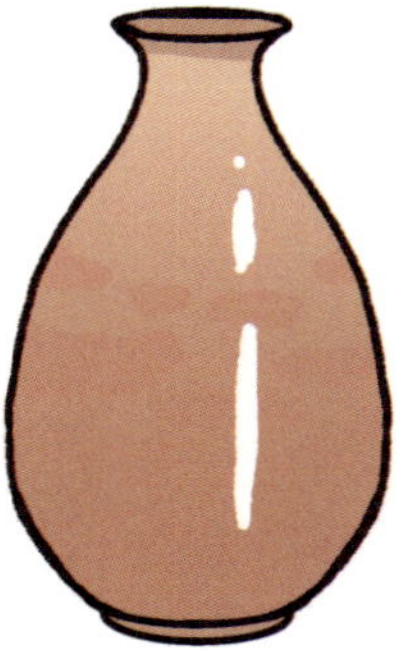

【徳利《とっくり》】

陶器だけでなくガラスや、熱が伝わりやすい錫製のものも。1合または2合サイズが一般的。飲む量や速度に合わせて選びましょう。

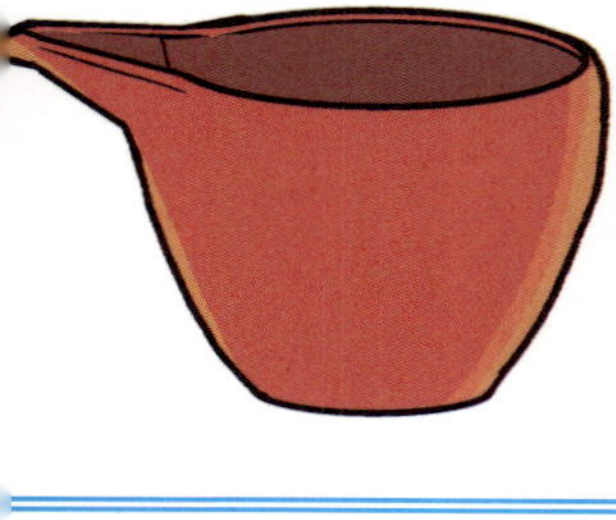

【片口《かたくち》】

冷酒に使われることが多い片口は、空気に触れることでお酒の味わいを変えるという利点も。しかし、香りが飛びやすいのでご注意を。

ラッパ&ブルゴーニュ型で香りを楽しむ薫酒《くんしゅ》

薫酒の華やかな香りとフルーティーなテイストを堪能するには、口の広いラッパ型がおすすめ。香りを逃がさないブルゴーニュ型のワイングラスなら、より香りが楽しめます。

ラッパ型のお猪口

ブルゴーニュ型のワイングラス

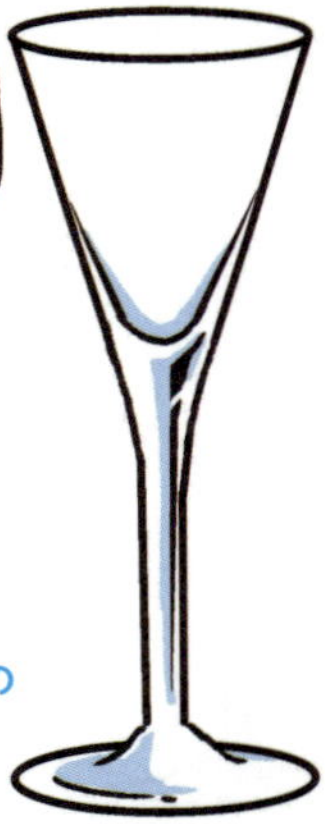

ラッパ型のワイングラス

冷やす+ビジュアルで爽快感がUPする爽酒《そうしゅ》

冷やして飲むことが多い爽酒には、冷えたままで飲み切れる小ぶりのお猪口がおすすめ。ビジュアル的にも爽快感をプラスしてくれる、フルートグラスや切り子グラスとの相性も抜群です！

切り子のグラス

錫製のお猪口

フルート型のシャンパングラス

飲むための酒器

お猪口《ちょこ》やグラスで楽しみたい醇酒《じゅんしゅ》

日本酒本来の味わいを楽しむ醇酒には、雰囲気で選ぶなら、和風な陶器や磁器が似合います。味わいで選ぶなら、絶妙な甘味と酸味が口の中に広がる、ボルドー型ワイングラスもおすすめです。

飲み口の厚いお猪口

磁器製のお猪口

ボルドー型ワイングラス

ブランデーグラスが似合う熟酒《じゅくしゅ》

きらめく色合いと重厚な香りの熟酒を際立たせるのはズバリ、ブランデーグラス。一口でも満足感が味わえる熟酒なら、ショットグラスやお猪口でも十分楽しめそうです。

漆器のお猪口

ショットグラス

ブランデーグラス

STEP 4

日本酒の知識を深める

日本酒ができるまで

1. 精米《せいまい》

原料の玄米の外側部分には、ビタミンやたんぱく質、脂質が多く含まれています。これらは製造工程において酒母《しゅぼ》の働きを過剰に促進してしまい、香りのバランスを悪くしたり雑味を多くしたりする、お酒には不要な部分。そこで「精米」とよばれる作業で、不要な部分を削り取ります。

うわーー！
おっきい！

2. 枯《か》らし

精米されたばかりの米は、摩擦によってかなりの熱を帯び、米の中の水分も奪われています。米の水分量を安定させるために2週間から3週間の間、冷暗所で保管することを「枯らし」といいます。

3. 洗米《せんまい》

米の表面に残っている糠《ぬか》や米くずを洗い流します。

精米歩合の低い大吟醸などは
秒単位で洗米するほど
細心の注意をはらって
いるんだよ

必要な水分を米に
吸収させるんだ。
その日の状態で熟練の職
人が秒単位の時間を計測
しながら行っているよ

4. 浸漬《しんせき》

米に水を吸わせる時間で品質が決まる、という杜氏《とうじ》もいるほど、重要な工程です。

5. 水切《みずき》り

洗米、浸漬、水を切った後にどのくらい蒸すかによって、水切りの時間は異なってきます。

6. 蒸《む》し

日本酒造りでは、米は炊かずに蒸します。加熱することで麹菌のつくり出す糖化酵素の作用を受けやすくするためです。

蒸米は麹米と
掛米《かけまい》(醪《もろみ》造り)に分けられて
使用目的に応じた
温度にまで冷やすんだよ

7. 麹《こうじ》造り（製麹《せいぎく》）

麹とは穀物に麹菌を繁殖させたものの総称。一般的に麹は約2日間かけて造られます。「一麹、二酛《もと》、三造り」といわれるほど、重要な工程だとされてきました。麹カビ菌を繁殖させて種麹を造り、ふるいにかけて蒸米の上にまきます。麹の役割は、麹菌が供給する糖化酵素の作用により、デンプンを糖分に変化させることです。製麹の作業は麹《こうじ》室《むろ》とよばれる約35℃の部屋で行われます。

タンク内で
酵母を繁殖させて
酒母を造っています

お酒のお母さんと書いて「酒母」
酒

8. 酒母造《しゅぼづく》り

酵母は糖分をアルコールと炭酸ガスに変える微生物で、酵母を大量に培養しなければ、アルコール飲料である日本酒はできません。酒造りでは、大量に培養した酵母を「酒母」といいます。「酒母」造りとは、アルコール発酵に必要な酵母を大量に培養するために、「蒸し米」「麹」「水」をタンクに入れて培養することです。

9. 醪《もろみ》造《づく》り

醪造りに必要な「蒸し米」「麹」「水」「酒母」の投入は、通常は4日間で、「初添え、仲添え、留添え」の順で、3回に分けて行われています。これを「三段仕込み」とよびます。3回に分けるのは、日本酒に入ろうとする雑菌が酸性に弱いため、酸性の状態が一気に薄まらないようにしているのです。発酵は2週間から1ヶ月かけて進み、発酵が終了した時点で、香味の調整や腐敗防止のために醸造アルコールを添加する場合があります。

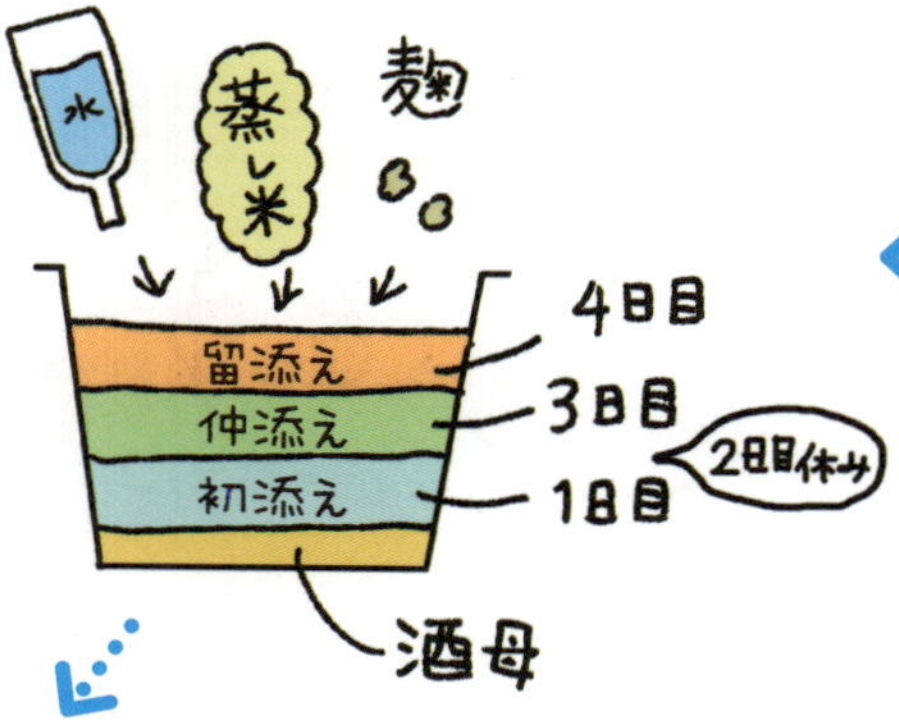

10. 上《じょう》槽《そう》(搾《しぼ》り)

でき上がった醪を、酒粕と液体に分けるために搾ることを上槽といいます。上槽には「槽《ふね》搾り」、自然にしたたり落ちる部分だけを集める「雫搾り」、アコーディオンのような形の「自動圧搾機（ヤブタ式）」などの方法があります。

11. 滓《おり》引《び》き

上槽後の液体には、細かくなった米や酵母などの小さな固形物である滓が浮遊していますが、しばらくすると滓が沈殿し上の方が澄んできます。この澄んだ部分の日本酒を、抽出する作業を滓引きといいます。

12. 濾過《ろか》

滓引《おりび》きの後、残っている細かい滓を完全に除去するために濾過します。

濾過は香味や
色を調整する役割と
異臭の除去をする
役割があるんだ

●濾過のしくみ

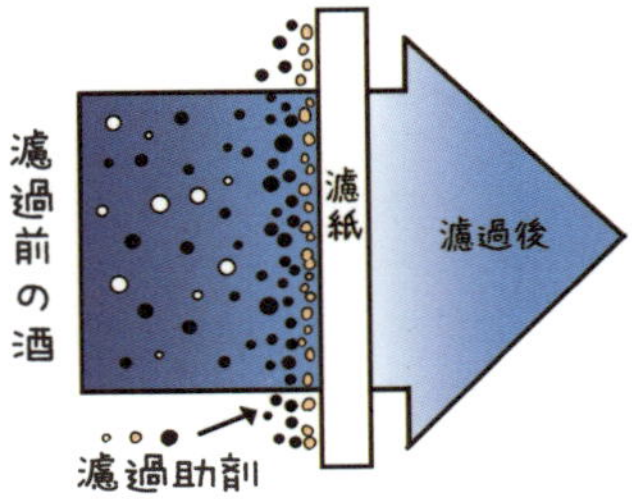
濾過前の酒
濾紙
濾過後
濾過助剤

濾紙には珪藻《けいそう》などの濾材や、精密濾過とよばれる小さな穴の空いたフィルターが使われています。

13. 火入《ひい》れ(1回目)

60〜65℃くらいの温度に加熱することで、瓶内に残った酵素の働きをとめることと、火落ち菌などを殺菌することができます。

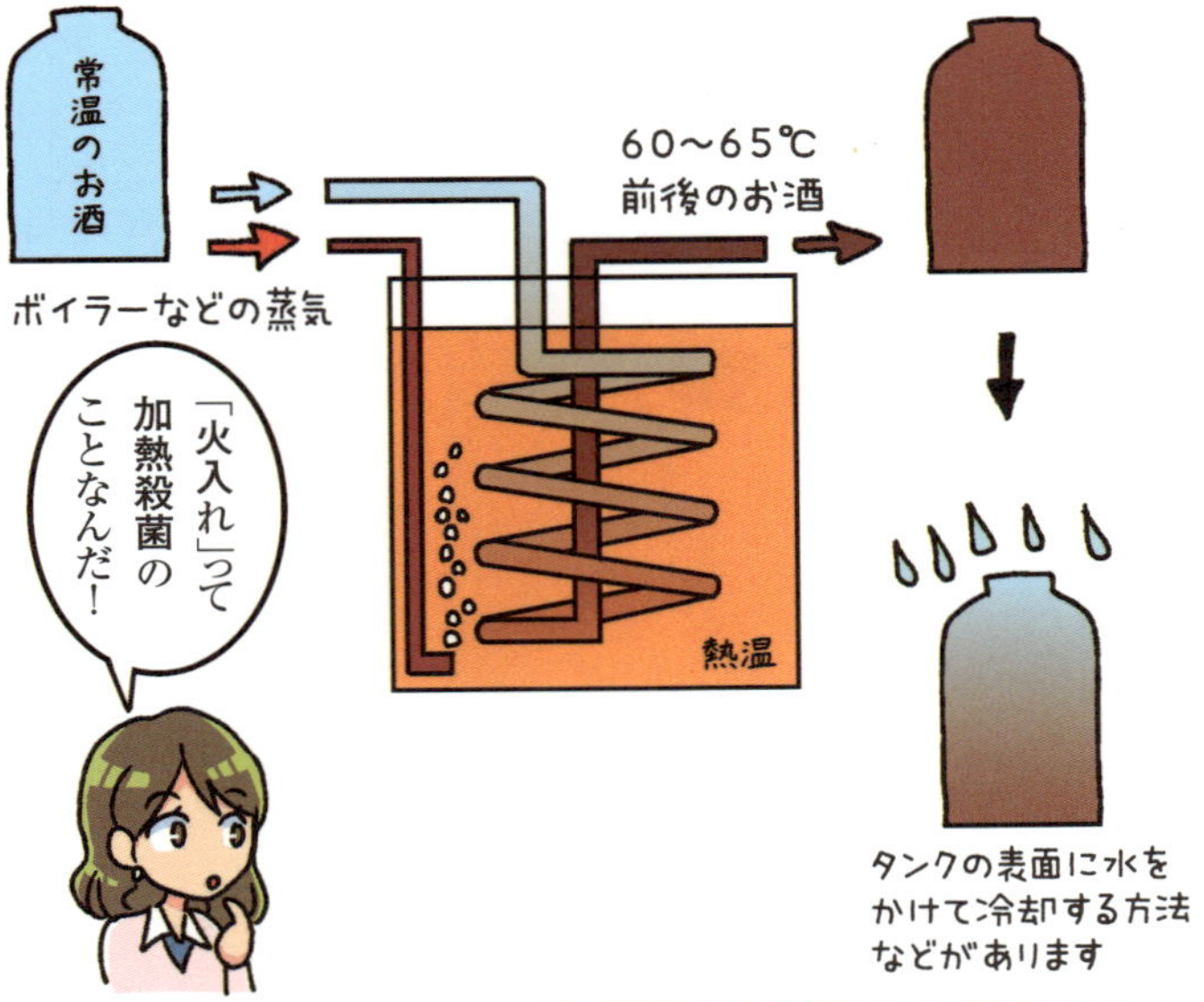
常温のお酒
ボイラーなどの蒸気
60〜65℃
前後のお酒
熱湯
「火入れ」って
加熱殺菌の
ことなんだ!
タンクの表面に水を
かけて冷却する方法
などがあります

14. 貯蔵《ちょぞう》

瓶に詰められるまでタンクの中で貯蔵されます。貯蔵をする目的は、時間をおくと酒質がまろやかになるからです。

15. 調合《ちょうごう》と加水《かすい》

貯蔵されている酒は、タンクごとに香味が違うので、品質を一定化するために調合されることがあります。また、アルコール度数を一定にするために水を加えます。このことを加水といいます。

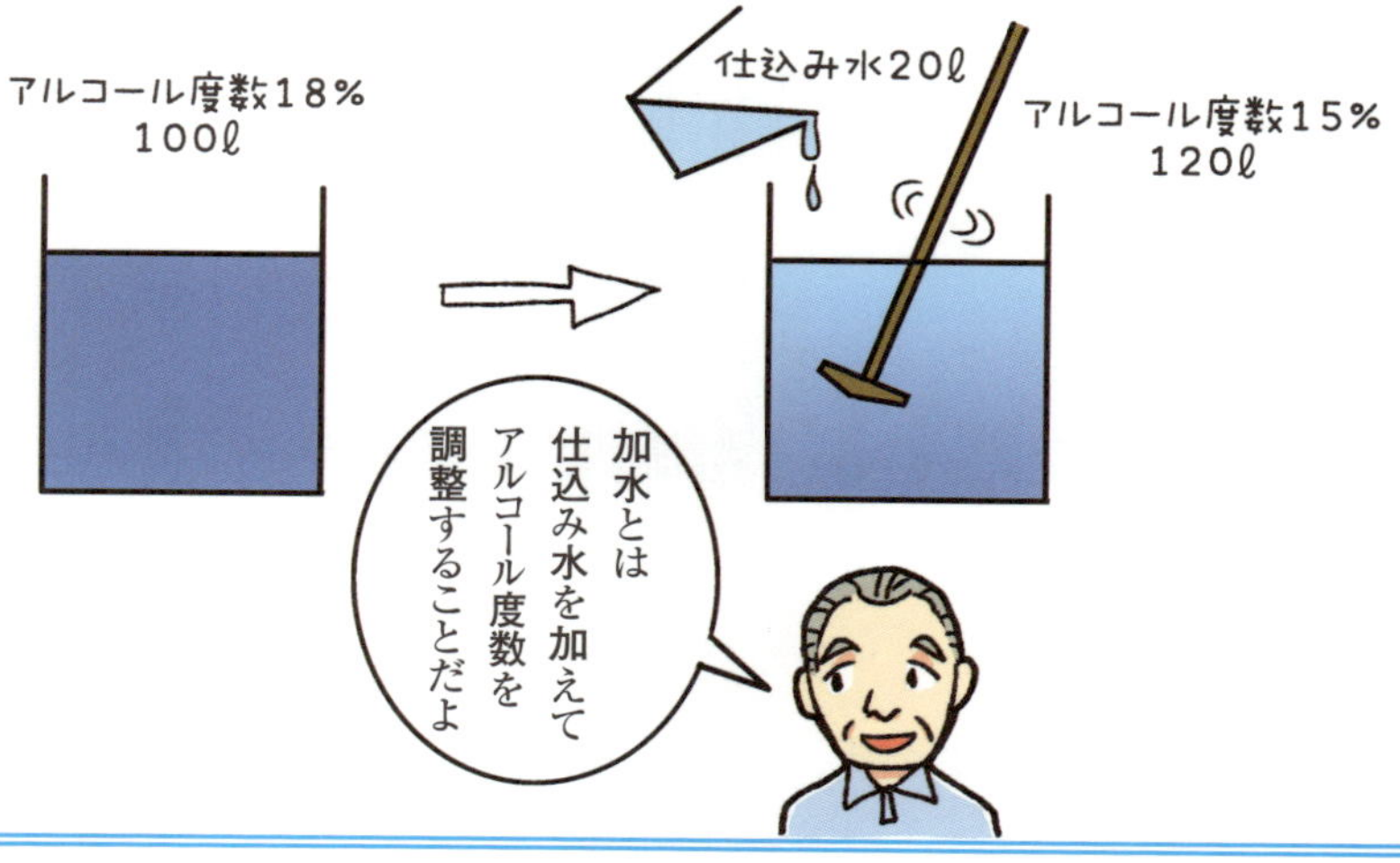

16. 再濾過《さいろか》

加水後に、貯蔵中に発生した滓《おり》を取り除くために再度濾過を行うこともあります。

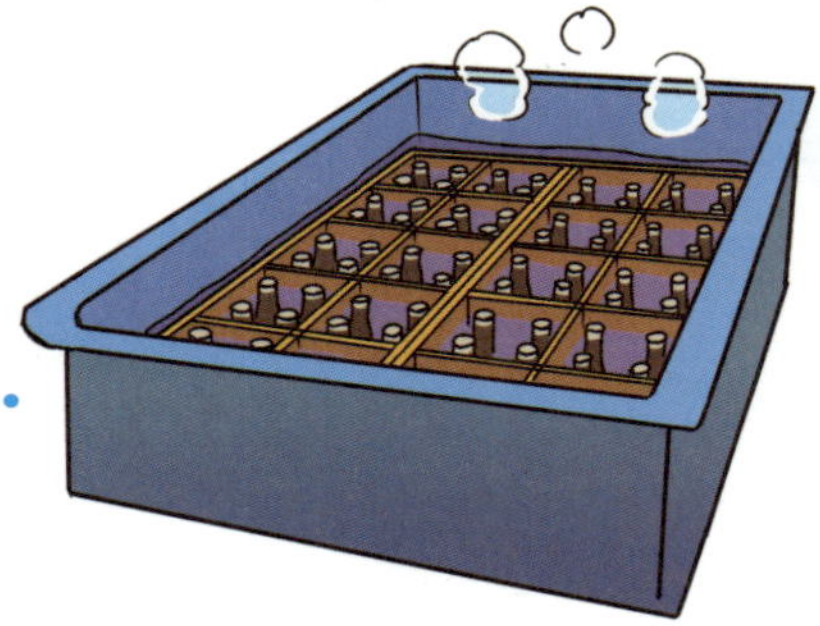

17. 火《ひ》入《い》れ(2回目)

瓶詰め直前に2回目の火入れをします。火入れ方法は瓶で湯煎する方法と、火入れをしながら瓶詰めする方法があります。

日本酒ができるまでのまとめ

少なくともおよそ3ヶ月を経て
日本酒はでき上がります

精米(2日) ← 枯らし(30日) ← 洗米 ← 浸漬 ← 水切り(洗米〜水切り 1日) ← 蒸し(1日) ← 麹造り(2日) ← 酒母(酛)造り(14~20日)

◉原料米の品種

◉精米歩合
大吟醸酒、吟醸酒など

◉酵母の種類
協会9号酵母、12号酵母など

◉酒母の種類
速譲系酒母、生酛系酒母

18.出荷

醸造アルコール添加

醪造り（14〜20日）→ 上槽 → 滓引き（7日）→ 濾過（1日）→ 火入れ → 貯蔵（2週〜1年など）→ 再濾過 → 調合／加水 → 瓶詰め（2日）→ 火入れ → 出荷

●アルコール添加の有無
純米酒、本醸造酒、普通酒など

●醪の種類
三段仕込み、四段仕込み

●火入れの有無
生酒、生貯蔵酒、生詰め酒など

●濾過の有無
無濾過など

●麹の種類

●上槽の違い
雫搾り、荒ばしり、中取り、責めなど

●貯蔵期間の違い
新酒、秋あがり、冷やおろしなど

●加水の有無
原酒など

●熟成の有無
古酒、長期熟成酒など

column

日本はやっぱり軟水！

水の良し悪しが日本酒造りでは最も重要。水質の違いが日本酒の味わいを左右する！

「日本酒造りで重要なのは何？」と聞かれたら、あなたなら何と答えるでしょうか。酒米の種類？ それとも製法？ これまでの話を振り返るとそんな答えが返ってきそうですね。はい、正解です。しかし、最も重要なものといっても過言ではないのが、実は「水」。なんといっても、日本酒を構成する成分の約80％を占めているのですから。

日本酒造りにはたくさんの水が使われていて、その量は原料である酒米の重量のなんと50倍とまでいわれているほどです。まず、酒米と水が出合う「洗米《せんまい》」。お米を洗うこの工程で、米粒ひとつひとつがたくさんの水分を吸収します。これだけでも水の重要性がわかりますよね。しかし、それだけではありません。お米をお酒へと変化させるのに欠かせ

ない、酵母の栄養源となる「カリウム」「リン」「マグネシウム」などを与えるのも、実は「水」。酵母については次のページで詳しく紹介しますが、酵母の働きはお酒の味に大きく影響します。そのため酵母のエサとなるカリウムやリンなどの栄養素を適度に含んだ水でなければなりません。ただし、鉄分が少ないことが必須条件となっています。というのも鉄分を多く含んだ水で造ると、鉄分の濃度に比例して、お酒が赤茶けた褐色に染まってしまうからです。

水は、含まれるマグネシウムやカルシウムなどのミネラル分の少ないものは「軟水」、多いものは「硬水」とよばれて分類されます。軟水の酒所の代表は京都・伏見、新潟、静岡で、その水で造られるお酒の味わいは「なめらかですっきり」。軽い硬水の酒所の代表は兵庫・灘で、「しっかりとしてコクがある」味わいになります。江戸時代から「灘の男酒、伏見の女酒」といわれた味の違いは、こうした水質の違いが原因だったのです。

酒造りに使われる水は「仕込み水」とよばれます。この仕込み水の良し悪しが、お酒の味を左右していたんですね。

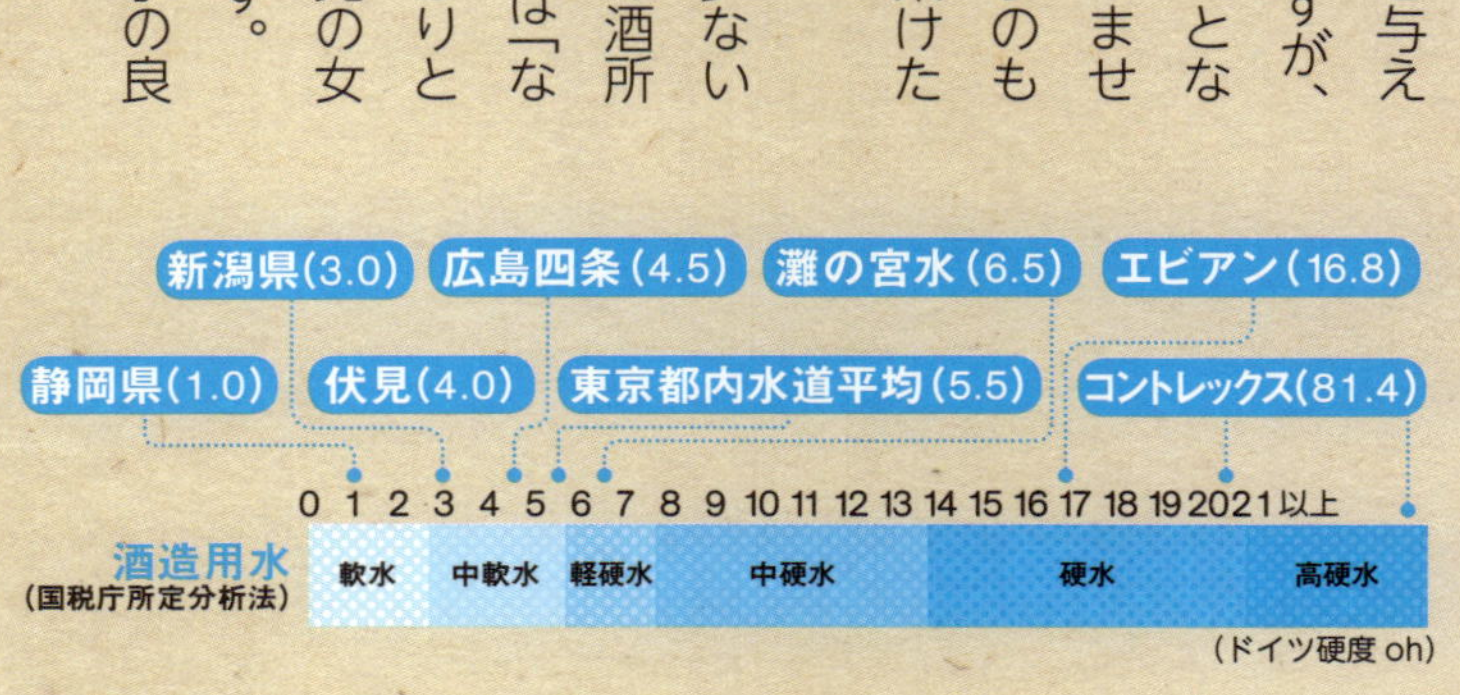

新潟県(3.0)
広島四条(4.5)
灘の宮水(6.5)
エビアン(16.8)
静岡県(1.0)
伏見(4.0)
東京都内水道平均(5.5)
コントレックス(81.4)
0 1 2 3 4 5 6 7 8 9 10 11 12 13 14 15 16 17 18 19 20 21 以上
酒造用水
(国税庁所定分析法)
軟水
中軟水
軽硬水
中硬水
硬水
高硬水
(ドイツ硬度 oh)

column

とっても重要！ 微生物の力

アルコールを生成し、豊かな香りを生み出す！ 発酵食品に必要不可欠な存在、それが酵母。

日本酒造りには酵母とよばれる「微生物」が欠かせません。しかしこの酵母、江戸時代以前は、存在すら知られていませんでした。しかし、文明開化とともに明治時代が訪れると、酵母の研究は大きく前進。やがて吟醸系の日本酒へとつながっていくことになります。

そんな酵母ですが、「いったい何なんだ？」といわれれば、いわゆる菌類の一種。パンづくりに使われているイースト菌も酵母のひとつで、主に食品の発酵に活用されています。その中でも日本酒造りに用いられるものは「清酒酵母《せいしゅこうぼ》」とよばれています。清酒酵母が活躍するには、麹の存在が不可欠。

●日本酒の発酵（複発酵）の仕組み

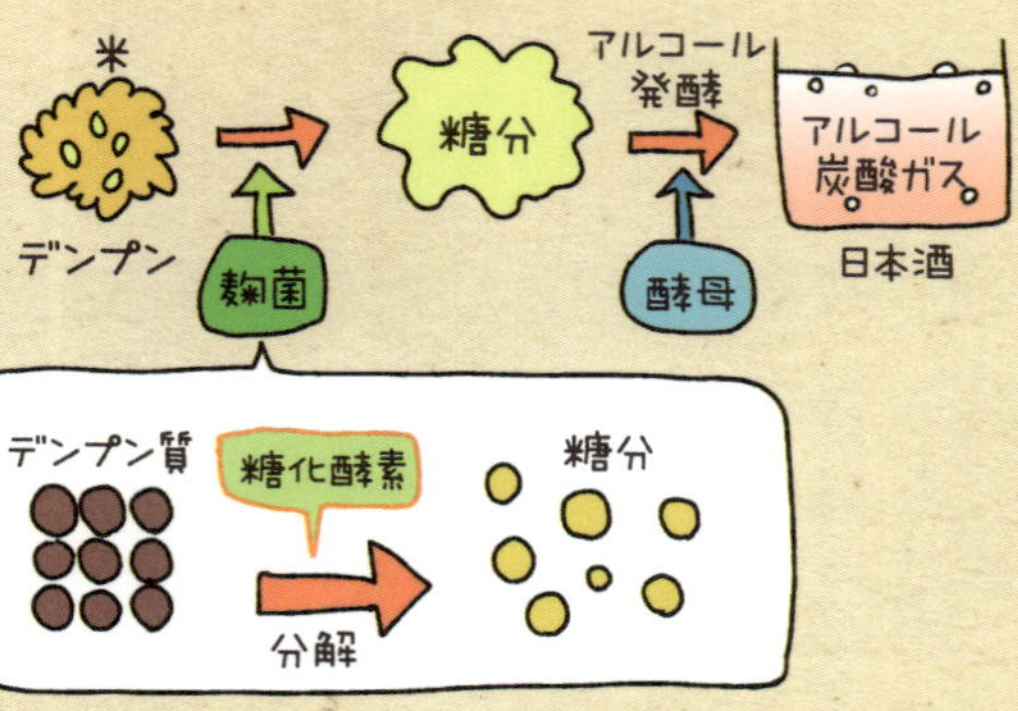

というのも、酵母単体ではお米を分解できないからです。まず、麹菌がお米に含まれているデンプンを糖質に変えます。この糖質を、清酒酵母がアルコールと炭酸ガスに分解し、徐々にお酒へと姿を変えていくのです。

アルコールの生成以外にも、清酒酵母には重要な働きがあります。それは、日本酒ならではの豊かな香りを生み出すこと。吟醸酒のフルーティーな香りを生み出しているのも、実は清酒酵母の働きなのです。

そんな清酒酵母の中に「協会酵母《きょうかいこうぼ》」とよばれるものがあります。これは日本醸造協会が純粋培養し、各蔵元へ提供している高品質な清酒酵母のこと。「協会6号」「協会9号」などと名付けられ、現在、多くの蔵元が協会酵母を活用しています。日本醸造協会だけでなく、各蔵元や県でも独自に酵母の研究をしているので、いつの日か、今までにない日本酒を生み出す酵母が発見されるかもしれませんね。

●主な協会酵母の特徴

協会7号	普通酒から吟醸酒まで使用可。最も多く使われている
協会9号	低温でもよく発酵する。吟醸香とよばれる華やか香りを生成
協会11号	協会7号の変異株。リンゴ酸を多く生成
協会14号	別名：金沢酵母。華やかな香りを生成
協会15号	別名：秋田酵母。低温長期発酵に向く。華やかな香りを生成
協会18号	近年注目度の高い酵母。華やかな吟醸香を生成
赤色清酒酵母	ピンク色の甘口で低アルコールの酒を生成

なるほど！

日本酒用語辞典

もっと深〜く知りたいあなたに、
難しい日本酒用語をカンタン解説！

【吟醸造り（ぎんじょうづくり）】

簡単にいえば吟味して醸造することですが、日本酒では吟醸酒の製造方法のことです。具体的には60％以下まで精米した酒米を、普通なら約15℃で20日前後かけて発酵させるところ、吟醸酒は10℃以下で30日前後かけてゆっくりと発酵させます。吟醸香とよばれるフルーティーな香りと豊かな風味が生まれる醸造方法です。

【麹菌（こうじきん）】

麹菌とは、麹カビ属に含まれる細菌の一種で、要するにカビ。というと、味気ない気もしますが、実はとっても甘〜いヤツなんです。だってお米のデンプンを糖分に分解してくれるのですから。代表的なのは日本酒に使う「黄麹」、焼酎に使う「白麹」「黒麹」、泡盛の「黒麹」など。最近は白麹や黒麹を日本酒に使うこともあるようです。ちなみにこの麹菌、日本の気候と風土が生んだジャパン・オリジナル。

【三段仕込み（さんだんじこみ）】

醪《もろみ》造りに必要な「蒸し米」「麹」「水」「酒母」の投入は、通常4日間で3回に分けて行います。3回に分けて原料を投入する理由は、酵母を悪い微生物から守るためです。悪い微生物は酸性に弱く、3回に分けて原料を投入することによって、酸性の状態が薄くならないようにしているのです。

【酒母（しゅぼ）】

酒造りに必要な大量の酵母のことでで、2つに分けられます。「**生酛《きもと》系酒母**」は微生物の存在を確認できなかった昔から行われてきた手法で、蔵内に生息する乳酸菌を取り込み繁殖させ、育成して酒母を造る方法。もうひとつは、「**速醸酛系酒母**」で、明治43年（1910）に国立醸造試験場で開発された手法です。最初の段階で、液状の醸造用乳酸を加えて、タンク内を酸性にすることにより、お酒を素早く健全な状態にします。

【上槽（じょうそう）】

酒米を発酵させてできた醪を、酒と酒粕に分けるために搾ること。一般的には、大きく分類して3つの上槽の方法があります。「槽による搾り（槽搾り）」、「袋吊り（雫酒、斗瓶囲い）とよばれる搾り（雫搾り）」、「自動圧搾機による搾り（ヤブタ式）」、搾り方によってもお酒の味わいは変わってきます。

【醸造アルコール（じょうぞうあるこーる）】

醪の発酵が終わった後に添加されるアルコールのことで、一般的にはサトウキビから造られています。日本酒のアルコール添加の歴史は意外と古く、江戸時代初期まで遡ります。醪に焼酎を入れると腐りにくいという発見から始まりました。現在ではこの防腐効果に加えて、次の2つの理由で醸造アルコールが使われています。まずひとつめは、香りを良くするため。日本酒の香味成分は、水よりもアルコールの方が溶けやすいので、少量を加えるだけで一段と香りが良くなるのです。ふたつめは、ライトな口当たりにするため。醸造アルコールを加えると純米酒の重厚さが薄められて、軽快でキレの良い味わいになります。決して量を増やすために加えているわけではないのです。

【杉玉（すぎだま）】

蔵元や酒屋の軒先に吊るされる、杉の葉の穂先を集めてボール状にしたもの。酒林《さかばやし》ともよばれ、毎年新酒を搾る頃に新しい杉玉に取り換えられます。吊るされたばかりの青々とした杉玉は新酒ができたことを、1年かけて茶褐色に変化する様子は、お酒の熟成度合いを知らせる合図になっています。お酒の神様を祀る、奈良県の大神《おおみわ》神社のご神体・三輪山の杉の木にあやかったといわれています。

【清酒（せいしゅ）】

一般的には、にごった酒に対する透き通った日本酒のことをいいます。酒税法では「米、米麹、水を原料として発酵させてこしたもの」「アルコール分が22度未満のもの」などの規定をクリアしたお酒が、清酒となります。ちなみに酒税法では、こしていない「どぶろく」は「その他の醸造酒」。目の粗い布でこしている「にごり酒」は「清酒」となっています。

【精米歩合（せいまいぶあい）】

精米をして残った米の割合のこと。米を磨いて残った割合を%で表したものです。「精米歩合が高い」とお米をあまり磨いていなくて、「精米歩合が低い」とお米をたくさん磨いていることになります。逆に、削った部分を表すのは精白率とよびます。なので、精米歩合40%と精白率60%は実は同じ割合を表しているのです。

【杜氏（とうじ）】

酒造りの職人を「蔵人《くらびと》」といい、その最高責任者が杜氏です。蔵人たちのルーツは農閑期の集団出稼ぎの農民。そのため、今も多くの蔵人たちは酒蔵の人間ではなく、外部の人たちです。最近では蔵元の社長や社員が杜氏を務めているところが多いです。

【納豆、ヨーグルト（なっとう、よーぐると）】

酒蔵の中には「酒造りの間は納豆禁止」というところもあるほどで、蔵人たちは納豆やヨーグルトを食べません。実は、納豆の枯草《こそう》菌(納豆菌)が麹をダメにしてしまうのです。ヨーグルトなどの乳酸菌類も酒造りの大敵。酒蔵見学に行く前は、これらの食べ物を控えてくださいね。

【日本酒の単位（にほんしゅのたんい）】

日本酒を数える単位は、昔の尺貫法の単位で、「合《ごう》」や「升《しょう》」、「斗《と》」があります。一合は180mℓ (カップ酒のサイズ)、四合は720mℓ (中サイズの瓶)、1升は10合のことで1800mℓ (大サイズの瓶、いわゆる一升瓶)になります。10升は一斗のことで18ℓになります。

【日本酒の日（にほんしゅのひ）】

酒造りは新米が収穫された秋以降に始まるので、昭和39年(1964)まで酒造年度は「10月1日～翌年9月30日」と定められていました。そのため10月1日は「酒造元旦」と呼ばれ、蔵元では新年のお祝いをしたそうです。こうしたことから昭和53年（1978)、日本酒造中央会が10月1日を「日本酒の日」に制定しました。

【BY（びーわい）】

“Brewery Year”の略で、7月1日〜翌6月30日の酒造年度または醸造年度のこと。「27BY」なら平成27年7月から平成28年6月までの醸造という意味で、日本酒では元号の年で表記されています。

【火入れ（ひいれ）】

火入れとはお酒を加熱処理することで、2つの効果があります。ひとつめは、デンプンを糖化する酵母の働きを止めること。ふたつめは、香りや味を劣化させる火落ち菌(下記)を死滅させることです。火入れといっても直接火にかけるわけではありません。約65℃のお湯で間接的に加熱します。湯せんをイメージするとわかりやすいかもしれませんね。一般的には上槽《じょうそう》の後(貯蔵タンクに入れる前)、瓶詰めの前の2回行います。ちなみに1回も火入れをしないのが「生酒」、上槽後に1回だけ行ったのが「生詰め」、瓶詰めのときに1回だけ行ったのが「生貯蔵酒」です。

【火落ち菌（ひおちきん）】

日本酒をにごらせて酸っぱくしたり臭くしたりする、乳酸菌の一種。飲めないほどお酒をまずくする悪者です。

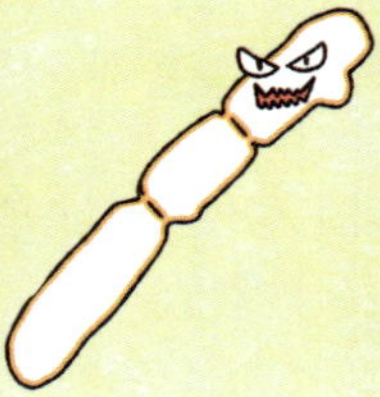

【普通酒（ふつうしゅ）】

本醸造酒・特別本醸造酒・純米酒・特別純米酒・吟醸酒・純米吟醸酒・大吟醸酒・純米大吟醸酒の8種類を特定名称酒といい、原料や精米歩合の違いで酒税法により分類されたものです。普通酒はこの特定名称酒以外の清酒、要するに、規定以上の醸造アルコールや甘味料、アミノ酸を使っている日本酒のことです。

師匠がすすめる日本酒ガイド

師匠が全国から選んだよりすぐりのお酒をご紹介。「薫酒、爽酒、醇酒、熟酒」の方向性で、あなたの好きな一本を探してみよう！

日本酒のことがわかったところで実際に飲んでみよう！
わーい！実践大好き♥

※価格は2017年10月現在の税別価格です
※小規模の蔵が多いため、品切れや完売の場合があります

宝剣
純米酒 新酒しぼりたて

新酒

◉ほうけん　じゅんまいしゅ　しんしゅしぼりたて

フレッシュで爽やかな酸味、シャープなキレ味

青リンゴを思わせるフレッシュな香り。口に含むと、クリアながら幅のある旨味と爽やかな酸味が広がり、清涼感もあります。後半は辛口の味わいになってシャープにキレていきます。カツオのタタキ、白身魚の煮付けなどの魚料理と相性が抜群に良いです。

◉生産者…[宝剣酒造]広島県呉市
◉内容量…720mℓ（4合）
◉価格…1250円（税別）
◉原料米…八反錦（広島県産）
◉精米歩合…60%
◉アルコール度数…16度

山形正宗
純米吟醸 秋あがり

冷やおろし

◉やまがたまさむね　じゅんまいぎんじょう　あきあがり

旨味がありつつ、キレ味抜群！

ウリのような青っぽい香り。まろみを帯びたコクのある旨味を、骨格のはっきりした酸味が覆うように広がり、全体を引き締めて軽快さを感じさせながらしっかりキレていきます。まろやかな旨味と極上のキレ味の両方を味わえます。季節の食材を使った揚げ物などと合わせると、料理をしっかりと受け止めながらも、口の中をウォッシュしてくれます。

◉生産者…[水戸部酒造]山形県天童市
◉内容量…720mℓ（4合）
◉価格…1400円（税別）
◉原料米…山田錦
◉精米歩合…55%
◉アルコール度数…16度

七本鎗
山廃純米 琥刻 2013

山廃　古酒

◉しちほんやり　やまはいじゅんまい　ここく　2013

バランス良く深みのある熟成

きれいな山吹色で、熟した柑橘類や黒糖などを連想させる複雑な香り。この香りからも想像できますが、熟成が進んでいて、味わい自体に落ち着きがあります。しっかりした旨味と酸味がうまく調和して、柔らかさと深みのある味わいです。後半は酸味が主張して軽快にキレていきます。

◉**生産者**…［冨田酒造］滋賀県長浜市
◉**内容量**…720mℓ（4合）
◉**価格**…2400円（税別）※ヴィンテージ（2010～2015年）により価格が変わります
◉**原料米**…玉栄（滋賀県産）
◉**精米歩合**…麹60％・掛80％
◉**アルコール度数**…16度

木戸泉
古酒 玉響 1992

長期熟成酒

◉きどいずみ　こしゅ　たまゆら　1992

まろやかで円熟した味わい

常温貯蔵で年月を重ねるにしたがって、色は山吹色の深みを増します。封を切ると、長い眠りから解き放たれる熟成香。口に含むと、重厚な味わいが徐々にそぎ落とされ、旨味と酸味が口の中にじんわりと残ります。深みとコク、複雑味にトロミが加わる妖艶さが絶妙にからみ合った、円熟した味わいです。

◉**生産者**…［木戸泉酒造］千葉県いすみ市
◉**内容量**…200mℓ
◉**価格**…4000円（税別）※ヴィンテージ（1974～2013年）により価格が変わります
◉**原料米**…山田錦（兵庫県産）
◉**精米歩合**…60％
◉**アルコール度数**…18度

超 王祿 春季 原酒限定 28BY

新酒 生酒 原酒 無濾過

◉ちょう　おうろく　しゅんき　げんしゅげんてい　28びーわい

力強い旨味と酸味、しっかりしたキレ味

　採りたてのブドウを思わせる爽やかな香り。フレッシュで元気な飲み口。お米のしっかりした旨味・甘味を感じつつ、後半は力強い酸味が伸びて辛口の味わいになり、後口はスパッとキレていきます。通常の王祿とは一味違い、搾りたての元気で荒々しく、原酒ならではの味わいが楽しめます。

◉生産者…［王祿酒造］島根県松江市
◉内容量…720mℓ（4合）
◉価格…1700円（税別）
◉原料米…五百万石（富山県産）
◉精米歩合…60%
◉アルコール度数…17度

王祿 丈径 原酒本生 27BY

生酒 原酒 無濾過

◉おうろく　たけみち　げんしゅほんなま　27びーわい

凝縮した旨味・酸味でしっかりしたキレ味

　旨味の濃縮感と酸味のなめらかさがあり、後口はきれいに引いていきます。濃縮感と清らかさをあわせもつこの味わいは、王祿固有ならでは。力強い酸味が柔らかく、そして独特の深みを醸《かも》しだしています。お燗にするとじゅわっと酸味と旨味が開放的に! まさに存在感の際立つお酒です。

◉生産者…［王祿酒造］島根県松江市
◉内容量…720mℓ（4合）
◉価格…2000円（税別）
◉原料米…山田錦（島根県東出雲町産）
無農薬栽培米
◉精米歩合…55%
◉アルコール度数…17度

仙禽
初槽 直汲み あらばしり

荒ばしり　滓がらみ
生酒　原酒　無濾過

◉せんきん　はつふね　じかぐみ　あらばしり

フレッシュ果汁のような味わい

搾りはじめのお酒「荒ばしり」の滓《おり》がらみです。お酒は空気にふれることなく、瓶に直汲みをしています。ギュッと搾ったブドウのような爽やかな香りで、みずみずしくフルーティー。リッチな甘味・旨味とジューシーな酸味で、まるでフレッシュジュースのような味わいです。

◉**生産者**…[せんきん]栃木県さくら市
◉**内容量**…720mℓ（4合）
◉**価格**…1500円（税別）
◉**原料米**…麹・山田錦（栃木県さくら市産）
　　　　　掛・ひとごこち（栃木県さくら市産）
◉**精米歩合**…麹40%・掛50%
◉**アルコール度数**…16度

爽~醇酒

仙禽
初槽 直汲み 中取り

中取り
生酒　原酒　無濾過

◉せんきん　はつふね　じかぐみ　なかどり

ジューシーでゴージャスな旨味

搾りの中間のお酒「中取り」です。フレッシュ&ジューシーながら、ゴージャスな旨味でボリューム感もあります。まとまりがよく安定感があって、完成度の高さを感じさせてくれる一本です。中取りのバランスの良さを存分に味わえます。

◉**生産者**…[せんきん]栃木県さくら市
◉**内容量**…720mℓ（4合）
◉**価格**…1550円（税別）
◉**原料米**…麹・山田錦（栃木県さくら市産）
　　　　　掛・ひとごこち（栃木県さくら市産）
◉**精米歩合**…麹40%・掛50%
◉**アルコール度数**…16度

爽~醇酒

仙禽
初槽 直汲み せめ

責め
生酒　原酒　無濾過

◉せんきん　はつふね　じかぐみ　せめ

ジューシー感があってお米の旨味もしっかり

　搾りの終盤のお酒「責め」です。搾りの圧力が強くなるので、ジューシー感もありつつ、お米の旨味をしっかり感じさせてくれます。雑味はほとんどなく、ほのかな苦味・渋味がいいアクセントになっていて、そのまま楽しめるだけでなく食中酒にバッチリです。

◉**生産者**…［せんきん］栃木県さくら市
◉**内容量**…720mℓ（4合）
◉**価格**…1450円（税別）
◉**原料米**…麹・山田錦（栃木県さくら市産）
　　　　　掛・ひとごこち（栃木県さくら市産）
◉**精米歩合**…麹40%・掛50%
◉**アルコール度数**…16度

醇酒

菊姫 黒吟

斗瓶囲い　古酒

◉きくひめ　くろぎん

丁寧な造りから生まれる透明感と円熟味

　雫搾りで搾った大吟醸をすぐに瓶に貯蔵。その後、3年以上もの間、理想的な状態で貯蔵された箱入り娘のようなお酒です。丁寧な造りと充分な熟成からしか生まれ得ない上品できめ細やかな味わいの奥に円熟味を感じさせる、複雑でバランスの良い芳醇な味わいが特徴です。

◉**生産者**…［菊姫］石川県白山市
◉**内容量**…720mℓ（4合）
◉**価格**…1万4300円（税別）
◉**原料米**…山田錦
　　　　　（兵庫県吉川町産特A地区産）
◉**精米歩合**…40%
◉**アルコール度数**…17度

熟~醇酒

花巴 山廃純米[吟のさと]うすにごり 鈴木三河屋 別誂

滓がらみ 生酒 原酒 無濾過 山廃

◉はなともえ やまはいじゅんまい[ぎんのさと]うすにごり すずきみかわや べつあつらえ

しっかりした旨味、柑橘系のジューシーさが爽快

　開栓してすぐはやや硬さも感じられますが、次第になじんできて心地よく杯を重ねられます。柑橘系を思わせる香りが特徴です。口に含むと、お米(滓《おり》)の柔らかな旨味と、柑橘系果実の強い酸味とジューシーさを感じつつ、キュッと引き締まった味わいが広がります。後半は、伸びのある酸味とほのかな苦味・渋味で軽快にキレていきます。

◉**生産者**…[美吉野醸造]奈良県吉野町
◉**内容量**…720mℓ（4合）
◉**価格**…1500円(税別)
◉**原料米**…吟のさと(奈良県五條市産)
◉**精米歩合**…70%
◉**アルコール度数**…17度

大那 純米吟醸 那須五百万石 Sparkling

活性にごり 瓶内二次発酵 無濾過 新酒

◉だいな　じゅんまいぎんじょう　なすごひゃくまんごく　すぱーくりんぐ

ほどよいガス感と、滓の旨味と爽やかな酸味

　ほどよいガス感があって、ピチピチ・フレッシュな飲み口。口に含むと、たっぷりの滓でお米の旨味をしっかりと感じつつ、ヨーグルトのような旨味も感じます。後半はガス感！と爽やかな酸味で爽快辛口に。にごり酒特有の重たさはなく、爽快に飲めるのが特徴。乾杯酒としてもバッチリです。

◉**生産者**…[菊の里酒造]栃木県大田原市
◉**内容量**…720mℓ（4合）
◉**価格**…1600円(税別)
◉**原料米**…五百万石(栃木県那須産)
◉**精米歩合**…50%
◉**アルコール度数**…16度

紀土 KID
純米大吟醸 Sparkling

活性にごり　瓶内二次発酵　無濾過

◉きっど　じゅんまいだいぎんじょう　すぱーくりんぐ

きめ細やかなガス感、レモンのような酸味

　レモンのような酸味ときめ細やかな泡が秀逸な、純米大吟醸です。にごり酒特有の滓《おり》の味わいが口に残るもたつき感もなく、清らかなガス感のきめ細やかさは感動モノ。口に含んだ瞬間は果実味のフレッシュさを感じさせ、中盤からフィニッシュにかけてはドライな辛みで軽快。ワイングラスが似合うお酒です。

◉**生産者**…[平和酒造]和歌山県海南市
◉**内容量**…720mℓ（4合）
◉**価格**…1900円（税別）
◉**原料米**…山田錦
◉**精米歩合**…50%
◉**アルコール度数**…14度

醇酒

大那 特別純米
13 低アルコール原酒

低アルコール酒　原酒

◉だいな　とくべつじゅんまい　13　ていあるこーるげんしゅ

甘味、酸味のバランス良し、軽快かつ飲み応えあり

　ほんのり甘酸っぱい香りで、微かにガスを感じるみずみずしい口当たり。アンズやチェリーを思わせる香りと共に、甘味と酸味がバランスよく広がります。低アルコールながら、骨格がはっきりした味わいで飲み応えもあり、後半は穏やかにキレていくのが特徴。軽快で飲み心地が良く、するっと喉を滑り落ちていくはずです。

◉**生産者**…[菊の里酒造]栃木県大田原市
◉**内容量**…720mℓ（4合）
◉**価格**…1350円（税別）
◉**原料米**…山田錦
◉**精米歩合**…55%
◉**アルコール度数**…13度

醇酒

番外自然酒
純米生原酒 直汲

生酛　新酒
生酒　原酒　無濾過

◉ばんがいしぜんしゅ　じゅんまいなまげんしゅ　じかぐみ

ジューシーながら締まった酸味、軽快なキレ味

穏やかな香りでほのかにガスを感じるフレッシュなお酒。口に含むと、凝縮感のあるジューシーな甘味・旨味と、生酛《きもと》らしい引き締まった酸味がバランス良く広がり、後半はガス感とほどよい苦味で軽快にキレていきます。料理との相性も抜群で、お酒の温度が上がってくると、自然米ならではの味わいがじわーっと伝わってきます。

◉**生産者**…［仁井田本家］福島県郡山市
◉**内容量**…720mℓ（4合）
◉**価格**…1450円（税別）
◉**原料米**…トヨニシキ
（宮城県産・オーガニック契約栽培米）
◉**精米歩合**…70%
◉**アルコール度数**…16度

群馬泉
山廃本醸造酒

山廃

◉ぐんまいずみ　やまはいほんじょうぞうしゅ

お燗がおすすめ、円熟した味わい

穏やかな香りとなめらかな口当たり。やさしい甘味・旨味で繊細さをともなった、ほどよい濃厚さながら、キリっとした酸味がうまくまとめて芯の通った味わいです。また、後口にキレの良さを感じます。冷やもいいですが、やはりお燗がおすすめ。お燗ではふくよかな旨味が凝縮されて、やさしいながらもしっかり主張して、旨味が際立ちます。

◉**生産者**…［島岡酒造］群馬県太田市
◉**内容量**…720mℓ（4合）
◉**価格**…908円（税別）
◉**原料米**…若水（群馬県産）、
あさひの夢（群馬県産）
◉**精米歩合**…60%
◉**アルコール度数**…15度

花巴 純米樽酒 樽丸

樽酒

◉はなともえ　じゅんまいたるざけ　たるまる

上品な杉の香りとほどよい余韻

上質な吉野杉の樽に10日間寝かせた黄金色の純米酒です。ふわりと香る上品な杉の香りと純米酒の深い味わい、酸味と甘味の絶妙なバランスが酒通の心をくすぐるでしょう。爽やかな木の香りと、くどさを感じさせないスッキリとした味わいを楽しめるお酒です。

◉生産者…[美吉野醸造]奈良県吉野町
◉内容量…720mℓ（4合）
◉価格…1400円（税別）
◉原料米…吟のさと、他
◉精米歩合…70%
◉アルコール度数…15度

薫~醇酒

而今 純米吟醸 雄町 無濾過生酒

新酒　生酒　無濾過

◉じこん　じゅんまいぎんじょう　おまち　むろかなまざけ

フレッシュな果実の香りと、透明感のある旨味

膨らみのある果実の香り。酒米である雄町特有の濃醇なお米の旨味、ジューシーさをたっぷり感じつつ、黒糖と和三盆を合わせたような上品な甘さのあるエレガントな味わいです。かすかなガス感が心地良く、ほどよい余韻が後を引きます。

◉生産者…[木屋正酒造]三重県名張市
◉内容量…720mℓ（4合）
◉価格…1700円（税別）
◉原料米…雄町（岡山県産）
◉精米歩合…50%
◉アルコール度数…16度

薫~爽酒

天の戸 貴樽

貴醸酒　古酒

◉あまのと　きだる

木樽熟成のまろやかさ

仕込みから貯蔵まで3年かけて造った、浅舞酒造の「創業百周年記念酒」。リンゴ酸たっぷりの純米酒を生酛《きもと》仕込みに使用。しかも、焼酎用の白麹を使用し、白麹由来のクエン酸が濃厚な味わいを引き締め、より深みのある味わいに。仕上げに、木樽に詰めて1年間熟成。リンゴ酸、クエン酸、乳酸、3つの酸味がやさしく調和した貴醸酒です。

◉生産者…［浅舞酒造］秋田県横手市
◉内容量…720mℓ（4合）
◉価格…2900円（税別）
◉原料米…美山錦（秋田県産）
◉精米歩合…55%
◉アルコール度数…17度

花巴 水酛純米 吟のさと 無濾過生原酒

水酛　生酒　原酒　無濾過

◉はなともえ　みずもとじゅんまい　ぎんのさと　むろかなまげんしゅ

たぷっとした個性的な甘味と酸味

花巴シリーズのなかでは最も個性の強いお酒で、ヨーグルト系の香りと、たぷっとした甘味、酸味が個性的です。しっかりとした酸味は、特に牡蠣、タコとわかめの酢の物などとの相性がバツグン。お燗にすると酸味が一気に膨らんで、キレのよいお燗酒に。メリハリが出るので50℃以上の熱燗がおすすめです。

◉生産者…［美吉野醸造］奈良県吉野市
◉内容量…720mℓ（4合）
◉価格…1400円（税別）
◉原料米…吟のさと（奈良県産）
◉精米歩合…70%
◉アルコール度数…17度

飛露喜 純米大吟醸

◉ひろき　じゅんまいだいぎんじょう

透明感のあるお米の旨味と上品な味わい

「喜びの露がほとばしる」という意味の飛露喜。上品でバランスの良い味わい、控えめな吟醸香、透明感とお米の旨味。これらの複雑な要素が絡み合って、きれいな酒質に仕上がっています。蔵元が、「人生ここ一番の時に飲んでいただきたいお酒である」と、語るほどの自信作。ワイングラスならほのかな吟醸香がより楽しめるはずです。

◉**生産者**…［廣木酒造本店］福島県会津坂下町
◉**内容量**…720mℓ（4合）
◉**価格**…2700円（税別）
◉**原料米**…山田錦
◉**精米歩合**…麹40％・掛50％
◉**アルコール度数**…16度

醸し人九平次 純米大吟醸 雄町

◉かもしびとくへいじ　じゅんまいだいぎんじょう　おまち

ピチピチとしたガス感に濃縮した旨味と透明感

口に含むとピチピチとしたガス感と同時に濃縮した旨味と透明感があり、空気になじませるとさらに味が膨らみます。口に含んだときのインパクトがありつつエレガントな余韻はスリムに引いていきます。ワイングラスに注いで温度の変化、時間の経過も楽しみながら味わえます。

◉**生産者**…［萬乗醸造］愛知県名古屋市
◉**内容量**…720mℓ（4合）
◉**価格**…1819円（税別）
◉**原料米**…雄町（岡山県赤磐地区産）
◉**精米歩合**…50％
◉**アルコール度数**…16度

山和 純米吟醸

◉やまわ　じゅんまいぎんじょう

調和のとれた味わいと上品な透明感

旨味と酸味が、バランス良く抑揚を効かせながら伸びていく…。調和がとれた味わいとはまさにこのお酒のことでしょう。純度の高い旨味と酸味で、きれいな味わいのお酒です。確かな感触としてその味わいはしっかりと舌に残ります。杯を重ねるごとに親近感を抱くような純米吟醸酒です。

◉生産者…［山和酒造店］宮城県加美町
◉内容量…720mℓ（4合）
◉価格…1500円（税別）
◉原料米…美山錦（長野県産）
◉精米歩合…50%
◉アルコール度数…15度

榮万寿 SAKAEMASU 純米酒 2016 群馬県東毛地区

◉さかえます　じゅんまいしゅ　2016　ぐんまけんとうもうちく

やや強い酸味、骨格のしっかりした力強さ

口に含むと、グレープフルーツを感じさせるような穏やかな旨味、後半の辛口のキレ味やきれいな余韻が感じられる純米酒です。五百万石ならではのほどよい酸味と、骨格のしっかりした力強い味わいは、山田錦にも引けをとりません。

◉生産者…［清水屋酒造］群馬県館林市
◉内容量…750mℓ
◉価格…1800円（税別）
◉原料米…五百万石（群馬県東毛産）
◉精米歩合…55%
◉アルコール度数…16度

七田 純米七割五分磨き 愛山 ひやおろし

冷やおろし

◉しちだ　じゅんまいななわりごぶみがき　あいやま　ひやおろし

ブドウのような甘味と凛とした酸味

ブドウのような甘味とジューシーな酸味が口いっぱいに広がります。低精米で仕込んだお酒らしい味の凝縮感があり、まろやかな味わいです。後半は凛とした酸味でやや辛めにすっとキレて、後口のほのかな苦味・渋味がいいアクセントになっています。食中酒にもバッチリですので、秋の味覚と一緒に飲みたいお酒です。

- ◉**生産者**…［天山酒造］佐賀県小城市
- ◉**内容量**…720mℓ（4合）
- ◉**価格**…1200円（税別）
- ◉**原料米**…愛山（兵庫県産）
- ◉**精米歩合**…75%
- ◉**アルコール度数**…17度

醇酒

宝剣 純米吟醸 八反錦

◉ほうけん　じゅんまいぎんじょう　はったんにしき

梨のような柔らかい旨味と潔いキレ

口に含むと、きめ細やかな旨味の中に、辛みが主張し、抑揚のある味わいを楽しめます。梨のような果実味を感じさせる繊細な旨味は、朝露のような清らかさとともに淡く引いていきます。お燗にすると、旨味と酸味のバランスが良く、膨らんだ旨味は強く主張せずに引いていく心地良さがあります。仕込水は、蔵の裏山の伏流水「宝剣名水」。

- ◉**生産者**…［宝剣酒造］広島県呉市
- ◉**内容量**…720mℓ（4合）
- ◉**価格**…1500円（税別）
- ◉**原料米**…八反錦（広島県産）
- ◉**精米歩合**…55%
- ◉**アルコール度数**…16度

爽酒

根知男山
純米吟醸 越淡麗 2015

自社田

◉ねちおとこやま　じゅんまいぎんじょう　こしたんれい　2015

落ち着いた味わい、ほんのりとした熟成感

穏やかな甘味・旨味が広がり、1年熟成による落ち着いた酒質ながら、輪郭がはっきりとした味わい。後半は良いアクセントの渋味をともなってキレていき、ほんのり熟成を思わせる穏やかな余韻がとても心地良いのが特徴。熟成により、根知谷のテロワールとそこで採れた「越淡麗」という、一等米の能力を存分に引き出したすばらしいでき栄えです。

◉生産者…［渡辺酒造店］新潟県糸魚川市
◉内容量…720mℓ（4合）
◉価格…2600円（税別）
◉原料米…越淡麗（根知谷・自社栽培米）
◉精米歩合…50%
◉アルコール度数…16度

醇酒

白老 若水 槽場直汲み
特別純米生原酒

原酒　生酒　無濾過　新酒

◉はくろう　わかみず　ふなばじかぐみ　とくべつじゅんまいなまげんしゅ

半年冷蔵熟成で、懐の深いフレッシュ感に！

飲み口は、ほのかにガスを感じるフレッシュさ。口に含むと、ジューシーな甘味・旨味と果実のような酸味、そしてガスが見事に融合して、濃厚さがありながら爽快にキレ上がります。約半年冷蔵熟成することで、当初のピチピチ感とはひと味違うフレッシュ感が心地良く、自然に体に馴染んでいきます。料理にも柔軟に寄り添ってくれる懐の深さも備わっているお酒です。

◉生産者…［澤田酒造］愛知県常滑市
◉内容量…720mℓ（4合）
◉価格…1297円（税別）
◉原料米…若水（契約栽培米）
◉精米歩合…60%
◉アルコール度数…17度

爽~醇酒

田村 生酛純米

生酛　自社田

◉たむら　きもとじゅんまい

しっかりとしたお米の旨味と生酛《きもと》らしい酸味

穏やかな香りと、力強いお米の旨味、生酛らしいキリッとした酸味を感じるお酒。重厚感がありながらも引き締まったやや辛めの味わいは、自然栽培米で造られた酒ならではの力をしっかりと感じさせます。まさにクラシックな日本酒の味わいです。冷やでもお燗でもおいしいお酒です。晩酌のお酒としておすすめ。

◉**生産者**…[仁井田本家]福島県郡山市
◉**内容量**…720mℓ（4合）
◉**価格**…1300円（税別）
◉**原料米**…亀の尾（自社田・自然栽培米）
◉**精米歩合**…70%
◉**アルコール度数**…15度

醇酒

播州一献 純米 超辛口

◉ばんしゅういっこん　じゅんまい　ちょうからくち

柔らかな口当たりで、しっかり後キレ、辛味あり

播州一献で看板商品の『超辛口』は、穏やかなお米の旨味がありつつ、スパッと感じるほどキレ味はバツグン。口に含んだ瞬間は柔らかくも後ギレが良く、『すっきりキレるお酒』として安定した人気を誇っています。料理に寄り添う食中酒として、白身魚のお刺身や、和え物などとご一緒に。

◉**生産者**…[山陽盃酒造]兵庫県宍粟市
◉**内容量**…720mℓ（4合）
◉**価格**…1200円（税別）
◉**原料米**…北錦（兵庫県産）
◉**精米歩合**…60%
◉**アルコール度数**…16度

爽酒

竹林
ふかまり「瀞」

生酒　原酒　無濾過　自社田

◉ちくりん　ふかまり　とろ

たっぷりとしたコクと甘味と複雑味

　濃厚純米酒ファンにはたまらないのがこちら。たっぷりとしたコクと複雑味、旨味たっぷりな味わいが感じられます。口当たりはトロッとしていて、心地良い酸味と旨味の溶け具合が弾力をもって口の中を支配します。自家栽培ならではの山田錦の品質がここまで酒質を高めた、バランス最良の逸品。

◉**生産者**…［丸本酒造］岡山県浅口市
◉**内容量**…720mℓ（4合）
◉**価格**…1353円（税別）
◉**原料米**…山田錦（自家特別栽培米）
◉**精米歩合**…58%
◉**アルコール度数**…16度

川鶴 純米吟醸 秋あがり

冷やおろし

◉かわつる　じゅんまいぎんじょう　あきあがり

まろやかな旨味とやや辛口で芯のはっきりした味わい

　ほのかにスモモを思わせる香り。フレッシュさも感じるまろやかな口当たり。お米の旨味をしっかり感じつつ、キリっとした酸味と辛味で芯がはっきりした味わいに、後半は辛口でしっかりとキレていきます。ひと夏じっくりと熟成することで、濃醇でバランスのとれた逸品に。心地良い一杯は秋の味覚と相性抜群です。

◉**生産者**…［川鶴酒造］香川県観音寺市
◉**内容量**…720mℓ（4合）
◉**価格**…1450円（税別）
◉**原料米**…麹米：雄町
掛米：雄町、オオセト、さぬきよいまい
◉**精米歩合**…55%
◉**アルコール度数**…16度

日高見 純米酒 山田錦

◉ひたかみ じゅんまいしゅ やまだにしき

爽やかな旨味と軽快な後口

レギュラー純米酒と侮ることなかれ。口に含むと、みずみずしい旨味と伸びやかで余韻の良い酸味のキレ。旨味と酸味のバランスが素晴らしく、純米でここまできれいな酸味を表現できるのかと、驚かされる。味わいの幅が広く、和・洋さまざまな食事と合わせられる万能食中酒。

◉**生産者**…［平孝酒造］宮城県石巻市
◉**内容量**…720mℓ（4合）
◉**価格**…1165円（税別）
◉**原料米**…山田錦
◉**精米歩合**…60%
◉**アルコール度数**…15度

爽~醇酒

寫樂 純米吟醸

◉しゃらく じゅんまいぎんじょう

果実の香りと、軽快な酸味は上品なバランス

果実の香りと、果汁を連想させる口当たり。口に含むと、しっかりした甘味・旨味と軽快な酸味が広がり、爽やかさを感じつつ、ほどよい味幅もあります。後半は、ほのかに辛味が出て軽快にキレて喉越しもバツグン。上品でバランスが良く、しっかりした旨味ながらキレの良いお酒です。

◉**生産者**…［宮泉銘醸］福島県会津若松市
◉**内容量**…720mℓ（4合）
◉**価格**…1665円（税別）
◉**原料米**…五百万石
◉**精米歩合**…50%
◉**アルコール度数**…16度

薫~爽酒

乾坤一 特別純米 辛口

◉けんこんいち　とくべつじゅんまい　からくち

ふっくらとしたお米の旨味

　穏やかな香りと、お米を炊いたようなふっくらとした旨味を感じさせてくれる特別純米酒。主な原料米は宮城県産のササニシキ。落ちついた旨味が後を引いて、ゆっくりと杯を重ねられるお酒。特にアジの開きなど、日頃の食卓に並ぶ和食との相性は最高です。

◉**生産者**…[大沼酒造店]宮城県村田町
◉**内容量**…720mℓ（4合）
◉**価格**…1150円（税別）
◉**原料米**…ササニシキ、他
◉**精米歩合**…55%
◉**アルコール度数**…15度

爽酒

鶴齢 純米吟醸 越淡麗

◉かくれい　じゅんまいぎんじょう　こしたんれい

膨らみのある旨味と軽やかでソフトな口当たり

　穏やかな香りとソフトな飲み口。やさしい甘味と膨らみのあるお米の旨味で幅のある味わいながら、後半はほどよい酸味ですっきり辛めにキレていきます。飲み飽きせず、飲むほどに旨味が染み渡るのもポイント。食中酒として幅広い料理と合うのもうれしいお酒。冷やでもおいしいですが、お燗にすると酸味が出て、全体がさらに良いバランスに。

◉**生産者**…[青木酒造]新潟県南魚沼市
◉**内容量**…720mℓ（4合）
◉**価格**…1500円（税別）
◉**原料米**…越淡麗（新潟県産）
◉**精米歩合**…55%
◉**アルコール度数**…15度

醇酒

喜久酔 特別純米

◉きくよい　とくべつじゅんまい

まるみのある甘さと酸味のバランス良い味わい

　フレッシュな中にも落ち着いた奥深い味わいが楽しめる上品な純米酒です。味わいに調和が取れており、まるみのある甘さと酸味のバランスが絶妙です。お燗にしても味が膨らみます。ほどよい余韻が、食材の旨味を引き立たせ、食中酒として料理にも幅広く寄り添ってくれます。

◉生産者…［青島酒造］静岡県藤枝市
◉内容量…720mℓ（4合）
◉価格…1300円（税別）
◉原料米…山田錦、日本晴
◉精米歩合…60%
◉アルコール度数…15度

緑川 純米

◉みどりかわ　じゅんまい

お米の旨味を感じながらも、すっきりした口当たり

　ほのかにブドウを思わせる香り。すっきりした口当たりながら、果実の香りとともにお米の甘味・旨味がじわっと広がります。後半は、軽快な酸味がすっきりした印象にまとめ上げて、サラッと心地良くキレていきます。きれいで淡麗な味わいの中にもお米の旨味を感じるお酒です。冷やもいいですが、ぬる燗もおすすめです。

◉生産者…［緑川酒造］新潟県魚沼市
◉内容量…720mℓ（4合）
◉価格…1250円（税別）
◉原料米…北陸12号、五百万石
◉精米歩合…60%
◉アルコール度数…15度

吟望 天青 特別純米酒

◉ぎんぼう　てんせい　とくべつじゅんまいしゅ

まろやかな口当たりは晩酌にぴったり

　まろやかで、ほどよいお米の甘味・旨味と、柔らかい酸味が一体となって広がります。軽快ながら膨らみもある味わいは、飲み飽きることなく、料理にも幅広く寄り添ってくれます。冷やからお燗までの温度帯で楽しむことができます。晩酌酒としてもおすすめです。

◉生産者…［熊澤酒造］神奈川県茅ヶ崎市
◉内容量…720mℓ（4合）
◉価格…1300円（税別）
◉原料米…五百万石
◉精米歩合…60%
◉アルコール度数…15度

石鎚
純米吟醸 緑ラベル 槽搾り

◉いしづち　じゅんまいぎんじょう　みどりらべる　ふねしぼり

クセのない透明感のある上品な味わい

　透明感のある甘味・旨味と軽快な酸味で、繊細ながら、存在感のある凛とした味わいになっています。後半は、旨味の余韻を感じつつ、すっきりとキレていきます。派手さやクセがなく、上品な味わいですが、飲むうちに奥深さを感じさせてくれます。食中酒として幅広い料理と合わせることができます。

◉生産者…［石鎚酒造］愛媛県西条市
◉内容量…720mℓ（4合）
◉価格…1400円（税別）
◉原料米…麹・山田錦（兵庫県産）
　　　　　掛・松山三井（愛媛県産）
◉精米歩合…麹50%・掛60%
◉アルコール度数…16度

喜正 純米吟醸

◉きしょう　じゅんまいぎんじょう

旨味・酸味、ともにバランス良く軽快

ラベルはクラシカルですが、味わいは洗練された旨味とフルーティーさを感じさせる軽快さが特徴。旨味と酸味のバランスも良く洋食などとも合わせやすいお酒です。「東京に酒蔵？」と思われる方も多いかもしれません。しかし、東京の酒蔵もすばらしい日本酒造りをしているのを証明してくれるのが、この1本です。

◉**生産者**…［野崎酒造］東京都あきる野市
◉**内容量**…720mℓ（4合）
◉**価格**…1460円（税別）
◉**原料米**…五百万石（新潟県産）
◉**精米歩合**…50％
◉**アルコール度数**…15度

八海山 純米吟醸

◉はっかいさん　じゅんまいぎんじょう

穏やかな香味がバランスの良いお酒

穏やかな香りとまろやかな口当たり。お米のしっとりした旨味と酸味がうまく調和して、ほどよい膨らみと幅を感じつつ、滑らかに舌を滑る飲み心地です。終始まろやかで、最後は自然にサラッとキレていきます。個性を主張し過ぎず、上品で洗練された味わいが料理を引き立ててくれるでしょう。特別な日の食中酒に最適!

◉**生産者**…［八海醸造］新潟県南魚沼市
◉**内容量**…720mℓ（4合）
◉**価格**…1840円（税別）
◉**原料米**…山田錦（麹米・掛米）、美山錦（掛米）、五百万石（掛米）他
◉**精米歩合**…50％
◉**アルコール度数**…15度

番外編

ラベルがユニークなお酒たち

日本酒にもユニークなラベルが増えてきました！
ユニークなデザインというだけでなく、
ラベルのエピソードも要チェック！

瓶内二次発酵

Wakanami Sparkling

◉わかなみ　すぱーくりんぐ

ラベルにある白銀光るドットは弾ける泡のイメージ。今までの日本酒の概念から飛び出たようなモダンなデザインは、4〜5本並べると「波」に見えるんだそう！口に含むと爽やかな香りと柔らかな飲み口。とてもしなやかな酸味で、リンゴやスモモを思わせる甘酸っぱい味わいです。飲み口のインパクトが抜群で、暑い夏場でもキュッと爽快な酸味が気持ち良く、クセになるはず。酸味の違いによってガラッと表情を変える味わいの変化を楽しめます。ぜひワイングラスでどうぞ。

◉**生産者**…［若波酒造］福岡県大川市
◉**内容量**…720mℓ（4合）
◉**価格**…1600円（税別）
◉**原料米**…壽限無
◉**精米歩合**…55%
◉**アルコール度数**…13度

爽酒

醇酒

薫 熟
爽 ★醇

生酛

DATE SEVEN 生酛 ～ Episode Ⅲ～ 7/7 解禁

◉だて せぶん きもと ～えぴそーどすりー～ 7/7 かいきん

書道家、後藤美希の作品をデザインしたラベルです！ 従来の概念にとらわれずに新しい世界に飛び出して行こう、というイメージを表現しているんだそう。SEVENには宮城県（伊達藩）の7つの蔵の意味があり、7蔵の力を合わせた協同醸造の結晶で造った日本酒です。今回の生酛《きもと》は、極限まできれいな酒質を優先し、従来の生酛とは一線を画した味わいに仕上っています。軽く冷やしてワイングラスで頂くのがおすすめです。

◉生産者…［宮城県7社］共同醸造
◉内容量…720mℓ（4合）
◉価格…2000円（税別）
◉原料米…美山錦
◉精米歩合…33%
◉アルコール度数…16度

若波 純米吟醸 FY2

◉わかなみ じゅんまいぎんじょう えふわいつー

ラベルの見た目と味わいのイメージが一致するよう、ワインを思わせるような洗練されたデザインが特徴。酸味が高く洋食に向くので、フレンチやイタリアンなどのレストランに置いてもしっくりなじみそう！テイストはほどよい発泡が心地良く、ほのかにブドウを思わせるフレッシュな飲み口です。お米のやさしい旨味、酸味、ガス感のバランスが良く、一体となって口中に広がります。

◉生産者…［若波酒造］福岡県大川市
◉内容量…720mℓ（4合）
◉価格…1350円（税別）
◉原料米…福岡県産米
◉精米歩合…55%
◉アルコール度数…15度

爽酒

薫 熟
爽★ 醇

低アルコール酒

澤の花 ボー ミッシェル

◉さわのはな　ぼー　みっしぇる

醸造中にビートルズの『ミッシェル』という曲を聴かせてできたお酒なんだそう。ラベルは音楽の楽譜が折り重なった、なんとも複雑な色合いに。曲名からインスパイアされたお酒の名前も素敵です！

テイストは、やさしい甘味と酸味の柔らかさが調和し、低アルコール度数（9度）ならではのソフトさ。また、白ワインのようなテイストなので、あまり日本酒を飲み慣れていない方にもおすすめです。

◉生産者…［伴野酒造］
長野県佐久市
◉内容量…500mℓ（4合）
◉価格…1000円（税別）
◉原料米…酒造好適米
◉精米歩合…60%以下
◉アルコール度数…9%

樽酒

木戸泉Afruge No.1 2015

◉きどいずみ　あふるーじゅ　なんばーわん　2015

ちょこんと座った「ひつじ」がかわいいこのラベル、干支にちなんで毎年変わっていくのだとか。思わず12本集めたくなってしまいますね！

色合いは黄色がかっていて、黒糖やドライフルーツなどが混じった、複雑で魅惑的な香り。比較的ボリュームのある甘味・旨味をキリッとした酸味が引き締めます。エッジにほのかな熟成、木樽の風味が見事に融合して、熟成酒という枠を超えた、今までにない新たな感覚の魅力的なお酒になっています。

◉生産者…［木戸泉酒造］
千葉県いすみ市
◉内容量…500mℓ
◉価格…2000円（税別）
◉原料米…千葉県産米
◉精米歩合…65%
◉アルコール度数…15度

原酒　生酒　無濾過

三芳菊
壱 WILD SIDE
袋吊り 雫酒

◉みよしきく　いち　わいるどさいど
ふくろつり　しずくざけ

　ギターを持った女の子がキッチュでかわいいラベルです。蔵元の娘さんが中学校時代にバンドを組んでいたとき、蔵元のご友人が娘さんの姿をイメージして描いたイラストなんだそう！ なんとも微笑ましいエピソードですね。醪《もろみ》を袋で吊って自然にぽたぽた垂れた部分を採った袋吊り雫酒のみずみずしいパイナップルのような旨味が口の中に広がります。お米で造っているお酒とは思えない衝撃を受け、酸味も元気でトロピカル。三芳菊商品の中では、一番軽快な味わいなので、日本酒初心者に入門編としておすすめしたいお酒です。

◉**生産者**…[三芳菊酒造]
徳島県三好市
◉**内容量**…720mℓ（4合）
◉**価格**…1300円（税別）
◉**原料米**…山田錦等外米（兵庫県産）
◉**精米歩合**…70%
◉**アルコール度数**…17度

醇酒

生酛

仙禽
ナチュール UN

◉せんきん　なちゅーる　あん

　ラベルは鶴のイメージの一部を描いたもので、5本合わせると完成された鶴になる､全5シリーズ(UN、DEUX、TROIS、QUATRE、CINQ)の1つ。全部集めるとどんなデザインになるのか、想像するだけでも楽しめそう！

　お酒はほんのり山吹色がかった色合い。ごくわずかににごっていて､熟したアンズを思わせる香りとジューシーな甘味・旨味と軽快な酸味がバランス良く広がり、甘酸っぱい果汁のような味わいになります｡後味はほのかな渋味を伴って自然にフェードアウト。自然派仕込みならではのからだに自然に染み入るような心地良さがうれしいお酒です!!

◉**生産者**…[せんきん]栃木県さくら市
◉**内容量**…720mℓ（4合）
◉**価格**…2000円(税別)
◉**原料米**…亀の尾(栃木県さくら市産)
◉**精米歩合**…90%
◉**アルコール度数**…14度

醇酒

エピローグ—みのり新たなる旅立ち

ときには友達と日本酒フェスや
いろんな蔵元さんと出会えてうれしい！
日本酒ウォークに行ったり
イエーーイ
イベントで飲み倒れだぁ〜
ホント！日本酒の種類は数多くあるので、修業と称してお酒を楽しんでいます
日本酒はお米で造るお酒だから、麹も仕込み水も純国産！
お米の国に生まれて良かった〜！
日本酒好きがこうじて酒器コレクションも増えました
なかにはこんな変わった酒器も
土佐の空吸
穴
穴
穴を押さえて飲み干さないともれちゃうよ
お酒の温度にもこだわるようになったなぁ〜
む！このお酒は熱燗だね！

食事でも日本酒を合わせる
楽しみを覚えました
フレンチ
イタリアン
中華
季節のお酒を
楽しんだり
正月
春
夏
秋
日本酒は
それぞれの蔵で個性的な
お酒が造られているので
ひとつとして同じ味が
ありません
知れば知るほど
楽しくておいしくて
日本酒の世界が広がります

今でも、ときどき師匠のところへ会いに行きます
赤酒三河屋
地酒
こんにちはー
やあ、いらっしゃい いいお酒が入っているよ
う〜ん！ 何を選んで良いのか？
さっぱりわからない??
なんて読むんだこれ？
生酛造り
滓がらみ
ワインみたいな日本酒やぶっ飛んだラベルの日本酒もあるぞ？
ええい！ わかんないからこれでいいや！
これください！
…鏡開きですか…？
樽酒
ドーン！
ふふふ、日本酒指南いたしましょうか？
THE END

始めに戻る☞

本書のために編集協力・監修をいただいた皆様

妄想じゃない！リアルな編集協力の人たち

この本にはたくさんの妄想キャラクターが登場していますが、
中には実在の人がまんがのモデルになっている人もいるんです！

編集協力

株式会社 鈴木三河屋

みのりに日本酒指南をする師匠のモデルは、東京赤坂にある老舗酒販店「㈱鈴木三河屋」の店主・鈴木修さん。「取扱いの酒蔵へは必ず私自身が出向き、納得のいくお酒を皆様へお届けしています」と語る日本酒愛に満ちた人物。本書のために豊富な日本酒知識と酒蔵を紹介していただきました。

東京都港区赤坂2-18-5 ☎03-3583-2349
http://www.mikawa-ya.co.jp/

焼きとり　ぶち

「料理とのペアリング」で登場する日本酒BARのマスター役の小関直行さん。実は神田のサラリーマンに大人気の「焼き鳥屋」さんだったのです。本書のためにさまざまなタイプの日本酒に合う料理を考案していただきました。ページの関係で泣く泣くボツになったレシピも。どれもおいしく頂きました。

東京都千代田区神田錦町1-14-11バリュー神田ビル1階
☎03-5577-3990

有限会社 仁井田本家

みのりが酒米収穫体験に行った福島県で300年つづく、老舗酒蔵の仁井田本家。本編でもふれたように、自然栽培・無農薬栽培の自社田で栽培した酒米でおいしい日本酒を造っています。取材では杜氏でもある仁井田穏彦社長、営業部長の内藤高行さんに直接、自社田を案内していただきました。

福島県郡山市田村町金沢字高屋敷139 ☎024-955-2222
https://www.kinpou.co.jp/

監修

日本酒サービス研究会・酒匠研究会連合会（SSI）

NPO法人FBO提携加盟団体

本書に掲載している日本酒の文化やマナーなど学術的な資料の提供および監修をしていただきました。「日本酒の香味を分ける4タイプの方向性」は日本酒のソムリエ「唎酒師」が実際に活用しているノウハウです。「唎酒師」は日本酒サービス研究会・酒匠研究会連合会（SSI）の公認資格です。
SSIでは、日本の酒である「日本酒」「焼酎」の提供方法の研究を中心に酒類の総合研究をおこない、その教育啓発活動を通じて、日本における酒文化の発展および関連業界の支援、そして日本食文化の継承発展に寄与する事を目的としています。

東京都文京区小石川1-15-17　TN小石川ビル7階
☎03-5615-8205
http://www.ssi-w.com/

参考文献

「日本酒の基（MOTOI）」
（日本酒サービス研究会・酒匠研究会連合会/NPO法人FBO）
「もてなしびとハンドブック」（NPO法人FBO）
「酒仙人直伝 よくわかる日本酒」（NPO法人FBO）

妄想図解! 知識ゼロでもわかる

日本酒はじめ

2017年12月15日　初版印刷
2018年1月1日　初版発行

編集人　岡 陽子
発行人　宇野尊夫
著　者　SSI認定 唎酒師　酒GO委員会
漫　画　片桐 了
監　修　日本酒サービス研究会・酒匠研究会連合会(SSI)
企画・制作　MD事業部(松尾笑美子、岡本 薫)
編集・執筆　福島巳恵、前田宏治、みずのひろ
アートディレクション・デザイン　United(福島巳恵)
撮　影　斉藤純平
編集協力　株式会社 鈴木三河屋(鈴木 修)
焼きとり ぶち(小関直行)
有限会社仁井田本家
(仁井田穏彦・内藤高行)
印刷所　大日本印刷
発行所　JTBパブリッシング
〒162-8446
東京都新宿区払方町25-5
http://www.jtbpublishing.com/
図書のご注文は、
出版販売部 直販課…☎03-6888-7893
本書の内容については、
MD事業部…☎03-6888-7846

174610　807170
ISBN978-4-533-12304-7　C2077

○本書掲載の情報は2017年10月現在のものです
○本書に掲載された内容と実際が異なる場合等による損害等は、弊社では補償いたしかねますので、あらかじめご了承ください

単行本
807170